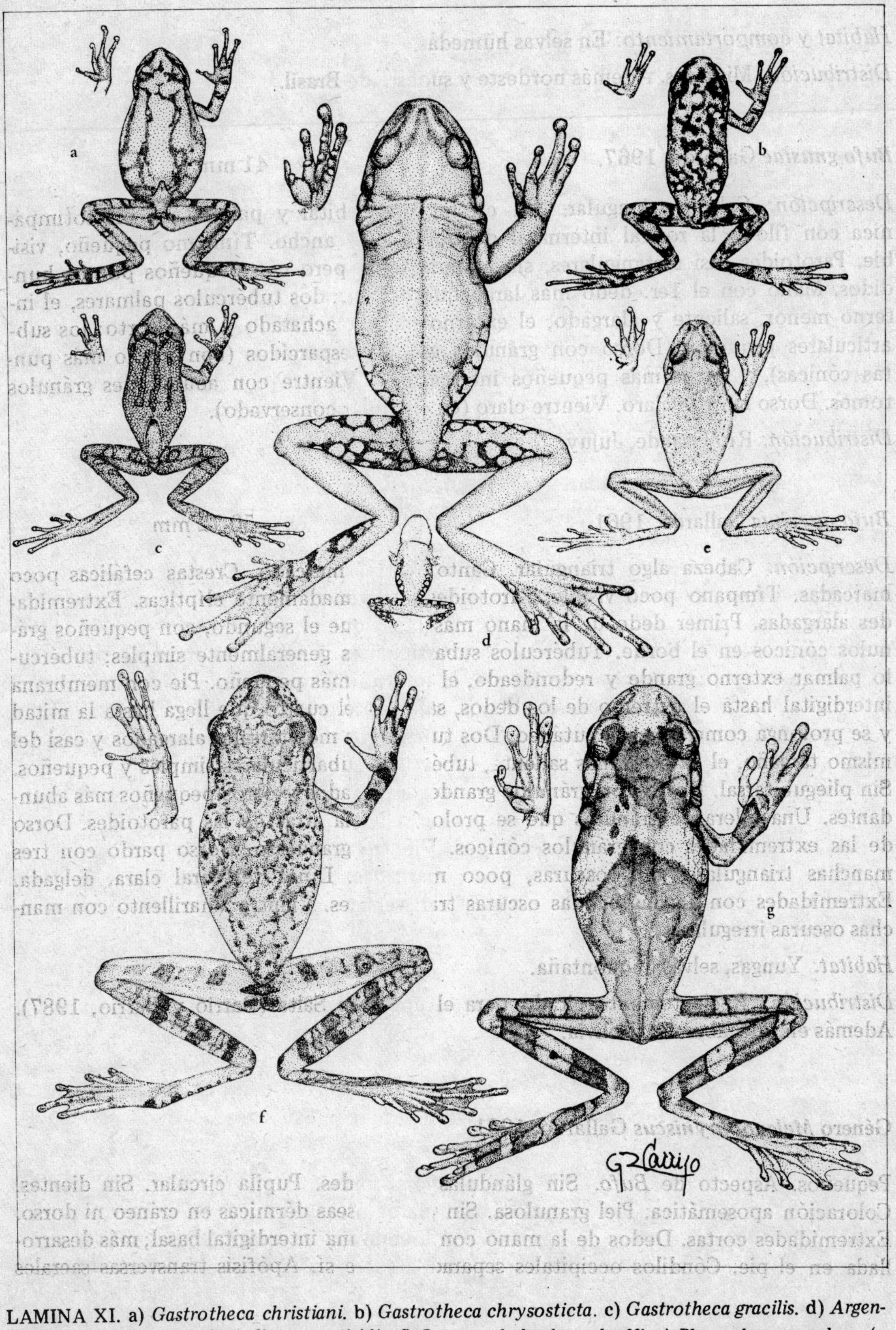

Dr. José M. Gallardo

Director del Museo Argentino de Ciencias Naturales
"Bernardino Rivadavia" e Instituto Nacional
de Investigación de las Ciencias Naturales

ANFIBIOS ARGENTINOS

GUIA PARA SU IDENTIFICACION

Biblioteca
Mosaico

Título: ANFIBIOS ARGENTINOS. Guía para su identificación

Autor: Dr. José M. Gallardo

Director del Museo Argentino de Ciencias Naturales "Bernardino Rivadavia" e Instituto de Investigación de las Ciencias Naturales. Investigador Principal del CONICET. Profesor Titular de Vertebrados de la UBA.

Primera edición, 1987

IMPRESO EN LA ARGENTINA
PRINTED IN ARGENTINA

Queda hecho el depósito que prevé la ley 11.723

LIBRERIA AGROPECUARIA S.A.
Pasteur 743 - 1028 Buenos Aires - Argentina

ISBN 950-9350-06-0 Librería Agropecuaria S.A.

PROLOGO

La importancia de los Anfibios se hace evidente desde tres aspectos diferentes. Así se los puede considerar en primer término como un grupo de vertebrados intermedio a manera de puente entre los Peces y los Reptiles, siendo en su mayoría dependientes del agua para su reproducción y desarrollo larval, con una vida terrestre ulterior cuando son jóvenes y adultos, todo lo cual se refleja en su anatomía, su fisiología y su comportamiento y los hace teóricamente importantes. Otro aspecto es de tipo ecológico y se refiere al hecho que los Anfibios son los encargados de devolver a los ecosistemas terrestres los elementos químicos llevados por las aguas de lluvia hacia las cuencas, donde abonan la vegetación acuática a expensas de la cual se desarrollan sus larvas y una vez terminada la metamorfosis abandonan el agua integrándose a los ecosistemas terrestres, desempeñándose en esto también como puentes necesarios. El tercer aspecto los vincula al control que ellos ejercen con respecto a diversos artrópodos y en especial insectos, que por su proliferación pueden llegar a constituirse en plagas de los cultivos, convirtiéndose los Anfibios en intermediarios entre los vegetales cultivados y la posibilidad que el hombre obtenga sus cosechas.

Estos aspectos nos ubican con respecto a la magnitud de esta clase zoológica en una triple dimensïón: taxonómica, ecológica y aplicada, que justifica ampliamente el estudio especial de ellos.

EL AUTOR

AGRADECIMIENTOS

A la Profesora Esperanza Amalia V. de Olmedo por la eficiente colaboración durante la elaboración del presente trabajo; al Sr. Gustavo Rodolfo Carrizo por la realización de los dibujos que ilustran el presente trabajo; a la Srta. Silvana Montanelli por la revisión de los ejemplares de renacuajos.

Para la realización de este trabajo se han consultado las colecciones de Anfibios del Museo Argentino de Ciencias Naturales "Bernardino Rivadavia"; agradecemos al Sr. Jefe de la División Herpetología, Jorge A. N. Cranwell, y a los Sres. Marcelo Canevari y Alberto Marcelo Viñas.

CONTENIDO

Clase *AMPHIBIA*

Características principales

1) Con vértebras acéntricas (con persistencia de cuerda dorsal); pseudocéntricas (con escudo óseo delgado rodeando la cuerda dorsal, con suturas en la parte lateral de la vértebra); o notocéntrica (con el cuerpo vertebral formado a partir del interdorsal).
2) Cráneo articulado con la vértebra atlas por dos cóndilos (algunos fósiles con un solo cóndilo).
3) Oído medio con columela y estapes (en contacto con la ventana oval).
4) Con cuatro extremidades de tipo pentadáctilo (tetrápodos).
5) Sangre con glóbulos rojos nucleados, biconvexos y ovales.
6) Corazón con 2 aurículas y 1 ventrículo, además de un cono arterial con válvula.
7) Dos arcos aórticos simétricos.
8) Branquias (3 pares) presentes en los primeros estadios del desarrollo (a veces persistentes).
9) Riñones con nefrostomas y corpúsculos de Malpighi (mesonefros).
10) Organos de los sentidos de las líneas laterales presentes durante el desarrollo larval.
11) 10 pares de nervios craneales, el último es el vago.
12) Aletas impares, cuando están presentes no presentan radios de sostén.
13) Costillas cortas (porción vertebral) y generalmente soldadas a las apófisis transversas vertebrales. Esternón derivado de la cintura escapular.
14) Con cloaca; macho con órgano copulador generalmente ausente.
15) Desarrollo embrionario sin amnios ni alantoides.

La clase Amphibia se considera dividida en 3 subclases: Labyrinthodontia, Lepospondyli y Lissamphibia; sólo la última tiene representantes vivientes, siendo las dos primeras anfibios fósiles de fines del Paleozoico y principios del Mesozoico (Triásico).

Subclase *LISSAMPHIBIA*

1) Anfibios sin armadura dérmica.
2) Dientes con corona y pedicelo, separados ambos por una zona no calcificada o fibrosa que permite la flexión del diente hacia el interior de la boca, mecanismo que facilita la entrada de la presa pero dificulta su salida.
3) Opérculo ubicado en la región del cuello, lámina ósea perforada por la ventana oval, comunicación del oído medio con el interno; sobre la ventana oval se inserta el estapes, formación ósea relacionada con la columela que a su vez se inserta en el tímpano. El opérculo se relaciona con un músculo que a su vez se inserta en la escápula y trasmite vibraciones del suelo.

4) Papila amphibiorum, área sensorial especial del oído interno (laberinto membranoso).
5) Además de los conos y bastones de los otros Vertebrados, poseen, en la retina, los llamados bastones verdes que facilitan la visión con poca intensidad lumínica.
6) Glándulas cutáneas de dos tipos: granulosas y mucosas que mantienen húmeda la piel y segregan sustancias ponzoñosas con función defensiva.
7) Vascularización de la piel en función de la respiración cutánea.

Esta subclase se divide en 4 superórdenes: Gradientia (Urodelos), anfibios reptantes con la región caudal desarrollada; Gymnophiona o Apoda, anfibios sin extremidades pares, ojos reducidos y cola corta; Salientia, anfibios con patas traseras desarrolladas en función del salto y con reducción de la región caudal; y Trachystomata, anfibios acuáticos, larvas permanentes y con desarrollo de algunos caracteres de adultos, con ojos pequeños, patas delanteras pequeñas, las traseras totalmente perdidas, ambas mandíbulas recubiertas por un pico córneo, con órgano de Jacobson, pulmón y 3 pares de branquias externas (con una sola familia, Sirenidae, de América del Norte y norte de Méjico).

El superorden Salientia se divide en 3 órdenes: Eoanura, Proanura y Anura, los dos primeros son fósiles.

Orden *ANURA*

1) Con reducido número de vértebras presacrales (máximo 9; mínimo 5).
2) Vértebras caudales fusionadas entre sí formando el urostilo.
3) Con una vértebra sacral.
4) Diapófisis sacrales dilatadas o cilíndricas.
5) Cintura escapular arcífera o firmisternia;
6) Con costillas reducidas.
7) Con dientes maxilares, premaxilares y vomerianos.
8) Con párpados móviles y glándulas oculares que mantienen húmeda la superficie del ojo.
9) Con oído medio y caja timpánica cerrada por un tímpano, generalmente visible.
10) Con lengua especializada en la captura de presas (generalmente insectos).
11) Son capaces de emitir sonidos mediante cuerdas vocales ubicadas en la cámara laringo-traqueal.
12) Amplexo inguinal o axilar.
13) Pueden ser ovíparos, de fecundación externa, u ovovivíparos como en algunas especies africanas.
14) En la mayoría hay metamorfosis, con larvas acuáticas con 3 pares de branquias externas que luego son reemplazadas por 3 pares de branquias internas.

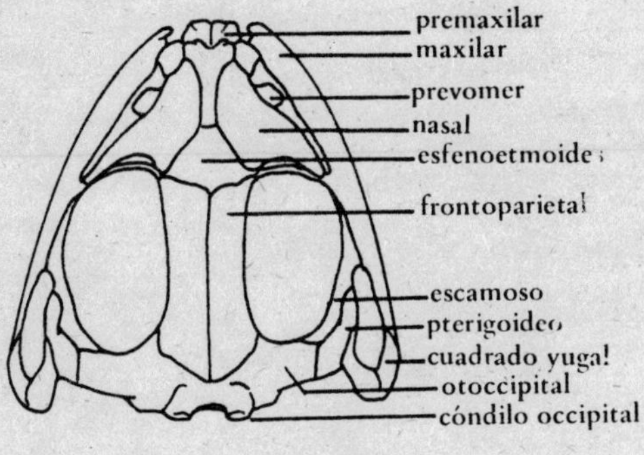

A

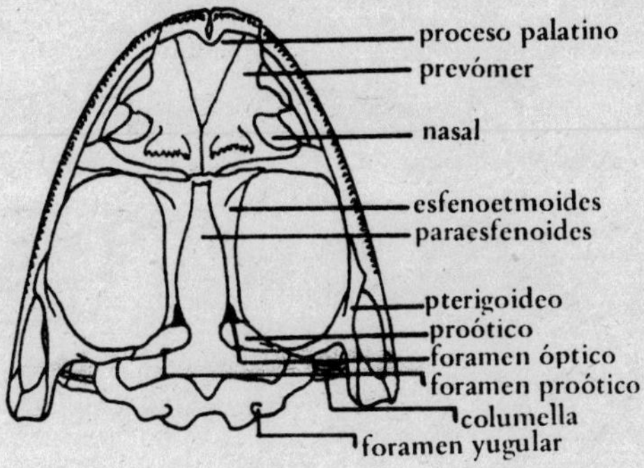

B

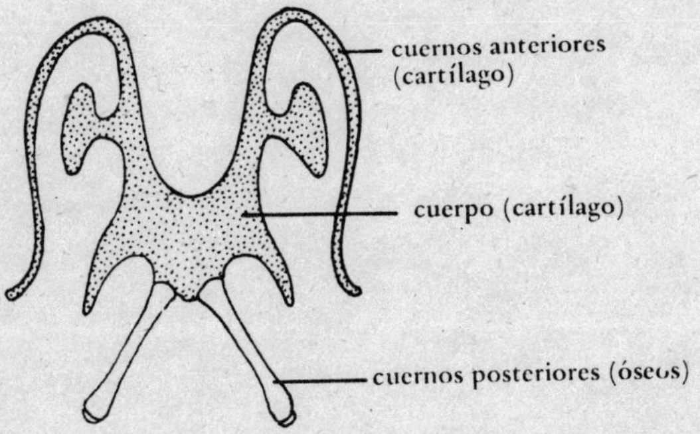

C

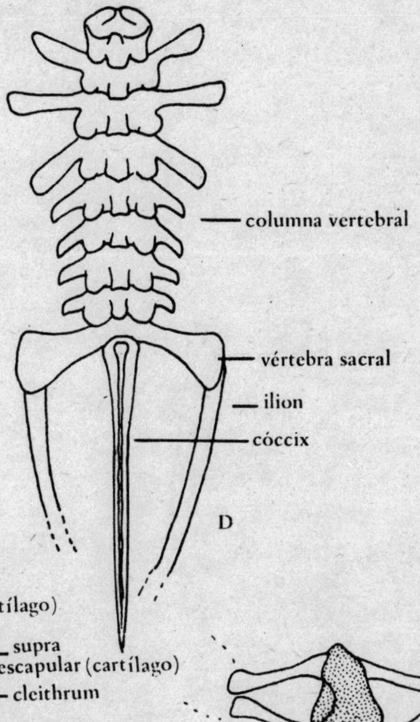

D

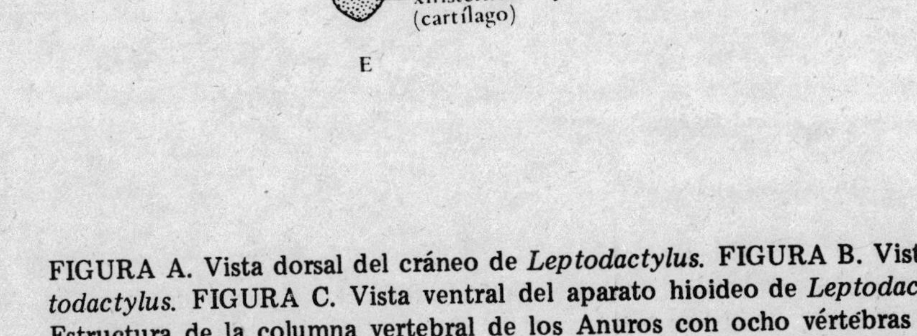

E

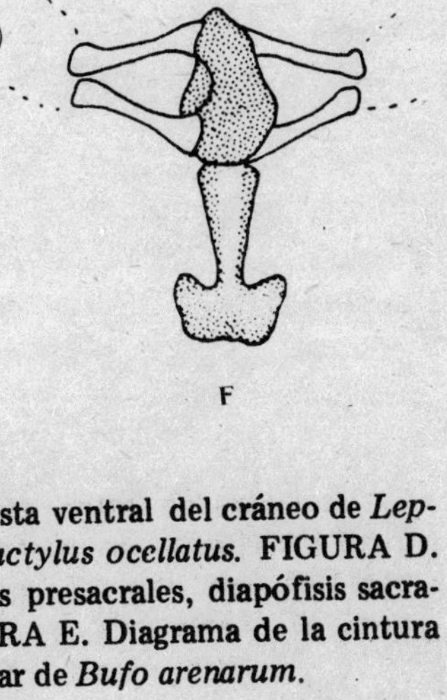

F

FIGURA A. Vista dorsal del cráneo de *Leptodactylus*. FIGURA B. Vista ventral del cráneo de *Leptodactylus*. FIGURA C. Vista ventral del aparato hioideo de *Leptodactylus ocellatus*. FIGURA D. Estructura de la columna vertebral de los Anuros con ocho vértebras presacrales, diapófisis sacrales dilatadas y articulación sacral-coccígea por un solo cóndilo. FIGURA E. Diagrama de la cintura escapular de *Leptodactylus*. FIGURA F. Diagrama de la cintura escapular de *Bufo arenarum*.

RENACUAJO

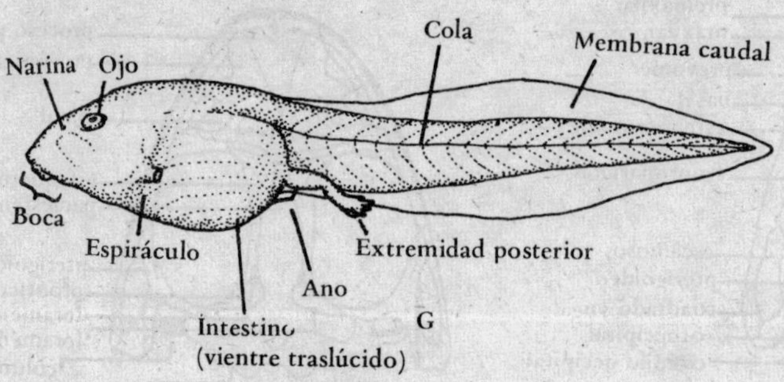

G

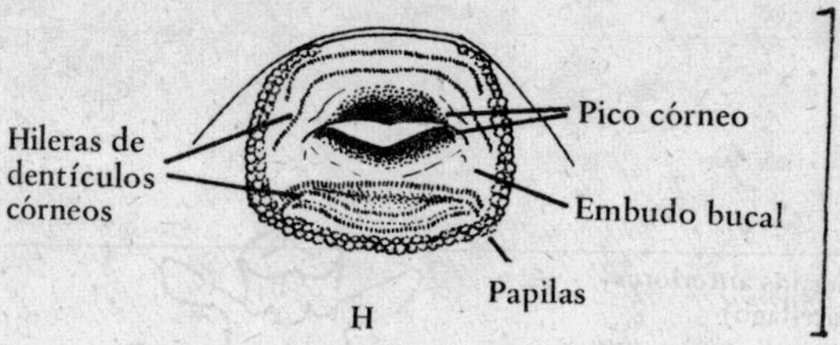

H

MANO

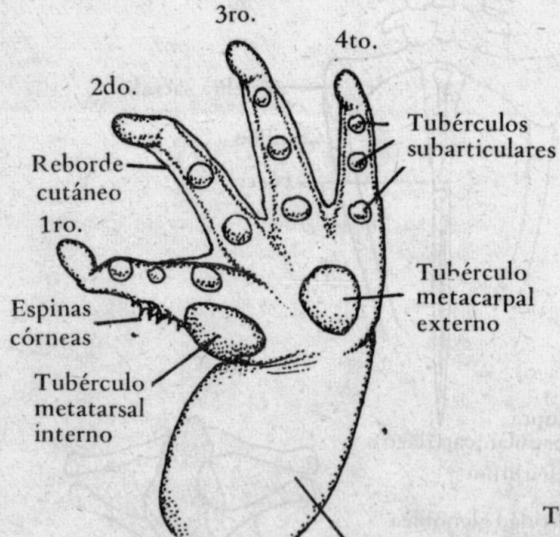

I

PIE

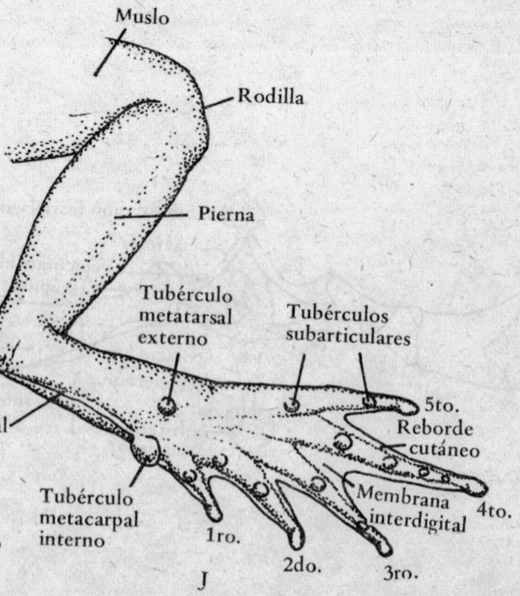

J

DEDO de Hylido

K

FIGURA G. Renacuajo de *Leptodactylus ocellatus*, vista lateral. FIGURA H. Embudo bucal de renacuajo de *L. ocellatus*. FIGURA I. Detalle de la mano. FIGURA J. Detalle del pie. FIGURA K. Detalle del dedo con disco adhesivo terminal.

Familia: *LEPTODACTYLIDAE*

1) Con 8 vértebras presacrales.
2) Atlas no fusionado a la segunda vértebra.
3) Sacro no fusionado al coxis.
4) Centros vertebrales procélicos.
5) Cótilos del atlas yuxtapuestos o ampliamente separados.
6) Diapófisis sacrales fuertemente dilatadas; cilíndricas en algunas subfamilias.
7) Procesos transversos raros, salvo en algunos Telmatobiini.
8) Costillas ausentes; en algunos géneros con procesos transversales alargados en las vértebras anteriores del tronco.
9) Procesos transversos cortos en las vértebras presacrales posteriores en algunos grupos; largos en otros.
10) Arcos neurales imbricados o no.
11) Cintura escapular arcífera.
12) Elementos prezonales ausentes en *Lepidobatrachus*, *Odontophrynus* y en algunos *Eleutherodactylus*.
13) Elementos postzonales presentes.
14) Elementos zonales óseos.
15) Escápula no cubierta anteriormente por la clavícula.
16) Fórmula de falanges de la mano: 2-2-3-3; de los pies: 2-2-3-4-3.
17) Huesos tarsales libres.
18) Sin osificación del parahyoides.
19) Anillo cricoides normalmente completo.
20) Maxila y premaxila dentadas en casi todas las especies, salvo en algunos *Physalaemus*, *Telmatobius* y otros géneros exóticos.
21) Cuadradoyugal falta en *Batrachyla*, *Crossodactylus*, *Hylorina*, *Pleurodema* y *Pseudopaludicola*. La columela falta en *Crossodactylus*, algunos *Eleutherodactylus*, algunos *Eusophus*, varios *Telmatobius* y otros géneros exóticos.
22) Amplexo axilar, salvo algunos *Batrachyla* y algunos *Pleurodema*.
23) Pupila horizontal en muchos géneros; vertical en *Lepidobatrachus*, *Limnomedusa* y otros géneros exóticos.
24) Lengua presente.
25) Larvas acuáticas, salvo en algunos géneros exóticos.
26) Dentículos córneos y picos presentes en larvas acuáticas, excepto en *Lepidobatrachus*.
27) Espiráculo izquierdo único, excepto *Lepidobatrachus* con un par de espiráculos ventrolaterales.
28) Tubérculo metatarsal externo ausente en *Ceratophrys* y *Lepidobatrachus* y en aproximadamente la mitad de los géneros de Telmatobiini; presente en otros.
29) Músculo caudaliopuboisquiotibialis ausente.
30) Músculo sartorio separado del músculo semitendinoso.
31) Tendón accesorio del músculo gluteus magnus presente.
32) Cabeza accesoria del músculo adductor magnus presente.
33) Inserción del tendón del músculo semitendinoso pasa ventralmente al músculo gra-

cilis, salvo en *Crossodactylus* y algunos *Physalaemus* en donde pasa entre el músculo gracilis y el gracilis menor.

34) Articulación sacro-coccígea dicondilar.
35) Paraesfenoides con alas laterales.
36) Sin órgano de Bidder.
37) Larvas sin bárbulas.

Género *Telmatobius* Wiegmann, 1835.

Acuáticos. Piel con pequeñas espinas córneas en algunas especies, en otras es lisa. Pies con membrana interdigital más o menos desarrollada, prolongada como reborde cutáneo. Ojos con pupila circular o romboidal. Machos sin sacos vocales y callosidades nupciales espinosas en los dos primeros dedos. Nasales ampliamente separados de los frontoparietales, sin o con escasa ornamentación. Ventana frontoparietal pequeña. Atlas convexo, carillas articulares poco separadas. Dientes vomerianos entre las coanas. Cintura escapular arcífera con omosternón angosto y alargado; esternón con osificaciones endocondreales.

Ocho especies citadas para la Argentina.

Telmatobius hauthali Koslowsky, 1895. Machos: 60 mm
Hembras: más de 85 mm

Descripción: Cabeza ancha. Hocico obtuso. Ojo grande, lateral. Tímpano oculto con un reborde supratimpánico cutáneo. Patas robustas. Manos con dos tubérculos metacarpales redondos; tubérculos subarticulares cónicos. Pie con membrana interdigital hasta la mitad; tubérculo metatarsal interno mayor que el externo. Pliegue tarsal mediano. Piel dorsal lisa con diminutas verrugas con espinas córneas. Vientre liso con pequeñas verrugas en tórax y brazos. Machos con callosidades nupciales negras y con espinas (6-7). Dorso marrón oliva o gris oscuro con pequeñas manchas más oscuras. Vientre amarillento; superficie inferior de los muslos amarillo intenso con manchas grises.

Habitat y comportamiento: Huevos depositados en el fondo de pequeñas lagunas, adheridos a plantas sumergidas y piedras.

Renacuajo: Cola casi el doble del largo cabeza-tronco. Pico córneo, grueso y aserrado. Fórmula dentaria 1,1-1/1-1,2.

Distribución: Catamarca (alta cordillera), Tucumán (Tafí del Valle) a 3.000 y 3.500 m s.n.m., y Valles Calchaquíes.

Telmatobius atacamensis Gallardo, 1962. Más de 70 mm

Descripción: Cabeza más ancha que larga. Ojo dorsal. Tímpano visible. Patas delgadas. Manos con tubérculos metacarpales prominentes; los subarticulares cónicos. Pie con membrana interdigital escotada; tubérculo metatarsal interno prominente,

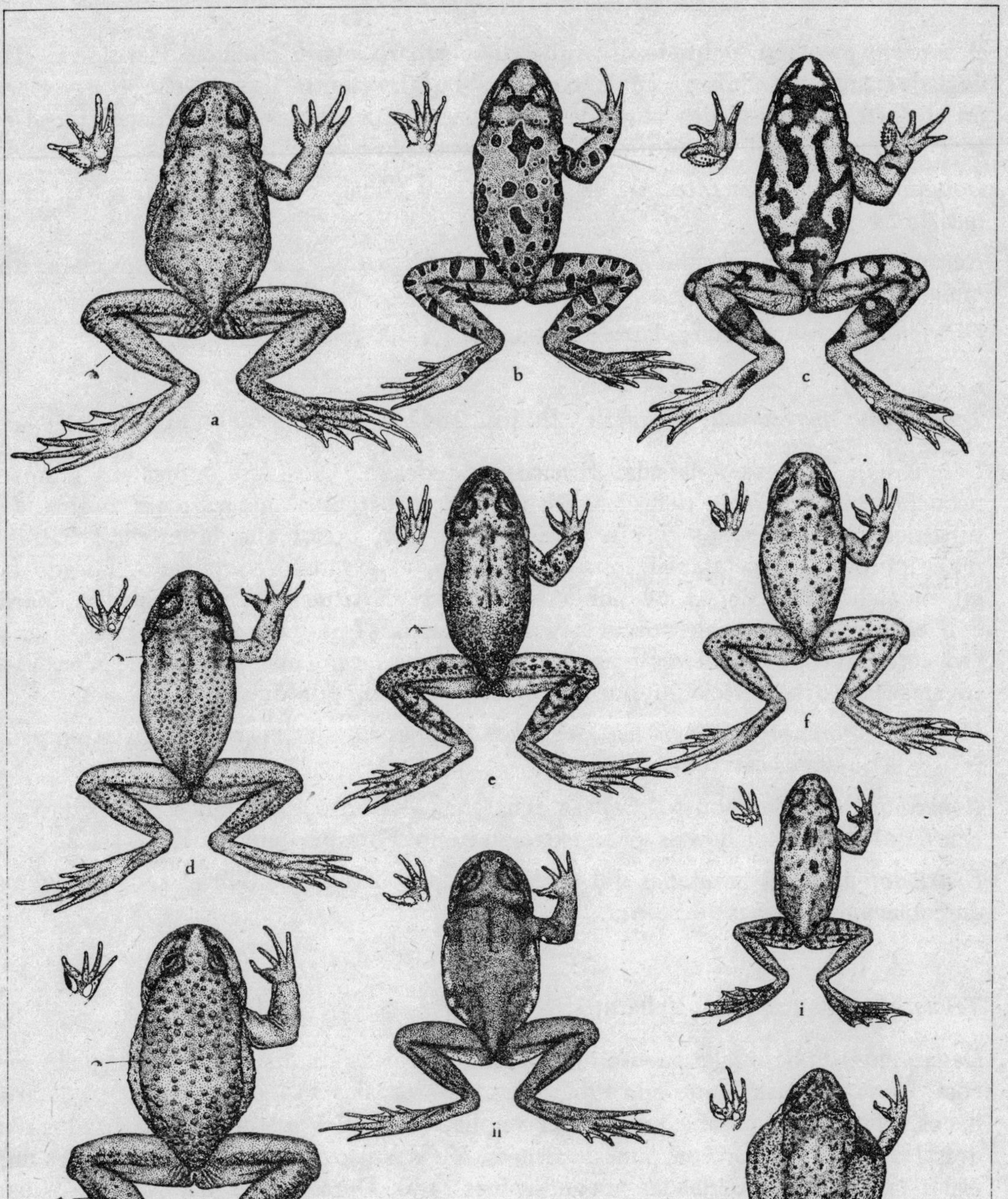

LAMINA I. a) *Telmatobius hauthali.* b) *Telmatobius ceiorum.* c) *Telmatobius stephani.* d) *Telmatobius barrioi.* e) *Telmatobius oxycephalus.* f) *Telmatobius marmoratus.* g) *Telmatobius atacamensis.* h) *Telmatobius contrerasi.* i) *Atelognathus praebasalticus.* j) *Atelognathus patagonicus.* (a-j: 3/4 tamaño natural.)

el externo pequeño, redondeado; tubérculos subarticulares cónicos. Piel dorsal glandular; verrugas glandulares en la comisura bucal. Vientre liso. Macho con verrugas en el dorso y callosidades nupciales redondas y con espinas (7-8). Pliegue tarsal notorio. Dorso verde oliva uniforme. Vientre blancuzco o amarillento.

Habitat y comportamiento: De regiones frías y áridas, con temperaturas diurnas de más de 24 °C

Renacuajo: Activos. También en lagunas heladas. Dorso oscuro y vientre claro. Fórmula dentaria 1,1-1/1-1,2.

Distribución: Salta y Jujuy, Puna de Atacama a 4.000 m s.n.m.

Telmatobius marmoratus (Duméril y Bibron, 1841). 60-65 mm

Descripción: Cabeza aplanada. Hocico redondeado. Ojos laterodorsales. Tímpano pequeño, visible. Patas delgadas. Manos con tubérculos metacarpales ovales. Los subarticulares de manos y pies cónicos. Pie con membrana interdigital hasta la mitad; tubérculo metatarsal interno mediano, el externo redondeado. Pliegue tarsal mediano. Piel dorsal densamente granular en tronco y extremidades. Macho con callosidades nupciales oscuras y con espinas (7-8). Dorso amarronado o grisáceo con manchas irregulares más oscuras. Mancha interocular oscura, irregular. Vientre amarillento; superficie inferior del fémur y tibia con puntos gris pálido.

Habitat y comportamiento: En arroyos y lagunas de alta montaña. Viven en aguas frías y la puesta es casi todo el año.

Renacuajo: Cuerpo robusto. Cabeza achatada. Marrón oscuro con manchas desvanecidas. Cola manchada de gris y con extremo romo. Fórmula dentaria 1,1-1/1-1,2.

Distribución: Altas montañas del oeste de Jujuy (2.000 a 4.500 m s.n.m.). Además en poblaciones vecinas de Bolivia.

Telmatobius oxycephalus Vellard, 1946. 50-75 mm

Descripción: Cabeza ligeramente ojival. Ojos laterales. Tímpano oculto por piel verrucosa. Patas delgadas. Mano con tubérculos metacarpales y subarticulares poco desarrollados. Pie con membrana interdigital amplia; tubérculos metatarsales redondos. Piel dorsal muy verrucosa, con puntas córneas. Vientre liso. Macho con callosidades nupciales marrones, redondeadas y con espinas (4-5). Dorso amarronado o gris oscuro. Vientre amarillento con algunas manchas gris pálido en garganta y tórax. Algunas manchas grises en fémur y abdomen.

Habitat y comportamiento: Bordes del bosque subtropical (Cei, 1976).

Renacuajo: Hocico redondeado y saliente. Cola con membrana desarrollada y alargada, el doble del largo cabeza-tronco. Fórmula dentaria 1,1-1/1-1,2.

Distribución: Este de Salta y Jujuy, desde Tilcara y río Yala hasta las sierras de Orán al este.

Telmatobius barrioi Laurent, 1970. 45-50 mm

Descripción: Hocico oval, truncado en el extremo. Ojos laterales, prominentes. Tímpano oculto cubierto con verrugas córneas, cónicas y negras. Mano con tubérculos metacarpales redondos. Pie con membrana interdigital hasta la mitad; tubérculo metatarsal interno prominente, el extremo redondo; tubérculos subarticulares desarrollados. Piel dorsal con verrugas distribuidas regularmente. Cabeza, antebrazo, brazo y pata trasera con verrugas con punta córnea. Vientre liso. Macho con callosidades nupciales negras con espinas (3-4). Dorso verdoso o gris amarillento, casi uniforme. Vientre blancuzco; superficie inferior del fémur con manchas gris pálido.

Habitat y comportamiento: De pequeños arroyos de selvas marginales de montaña.

Distribución: Sierra de Calilegua, Salta.

Telmatobius ceiorum Laurent, 1970. 50-65 mm

Descripción: Cabeza achatada. Hocico oval. Tímpano pequeño, visible. Mano con tubérculos metacarpales redondos. Tubérculos subarticulares de manos y pies cónicos. Pie con membrana interdigital poco desarrollada; tubérculos metatarsales redondos. Pliegue tarsal notorio. Piel dorsal y ventral lisa. Macho con callosidades nupciales con espinas (3-4). Dorso gris azulado con manchas oscuras bordeadas de blanco brillante. Mancha interocular. Vientre negruzco con manchas amarillas irregulares, mayores en el muslo.

Habitat y comportamiento: En arroyos pedregosos cercanos a la selva subtropical de transición.

Renacuajo: Cuerpo achatado. Hocico sobresaliente. Cola larga, algo roma en el extremo. Dorso gris oscuro. Vientre claro. Aletas caudales con manchas redondeadas y oscuras en los bordes. Fórmula dentaria 1,1-1/1-1,2.

Distribución: Montañas del noreste de Catamarca y localidades cercanas de Tucumán (Quebrada Portugués, Laguna del Tesoro, Divisadero).

Telmatobius stephani Laurent, 1973. 46-58 mm

Descripción: Cabeza achatada. Hocico oval o redondeado. Tímpano oculto. Mano con leve reborde cutáneo; tubérculos metacarpales y subarticulares medianos. Pie con membrana interdigital amplia; tubérculos metatarsales poco prominentes. Piel dorsal y ventral lisa. Macho con callosidades nupciales córneas, negras. Dorso amarillento o verdoso con manchas irregulares negro brillante. Vientre amarillento; fémur y tibia veteados de gris.

Distribución: Sierra del Manchao, Catamarca.

Telmatobius contrerasi Cei, 1977. 42 mm

Descripción: Cabeza ancha. Hocico corto, redondeado. Ojos prominentes, dorsolaterales. Tímpano poco visible debajo del pliegue supratimpánico. Mano con tubérculos metacarpales alargados y lisos; los subarticulares medianos. Pie con membrana interdigital hasta la mitad; tubérculo metatarsal interno desarrollado, el externo poco notorio. Piel dorsal porosa, lisa en el espacio interescapular. Vientre liso. Macho con callosidades nupciales córneas, negras. Dorso gris oscuro o negruzco con manchas blanquecinas o amarillentas. Vientre grisáceo con manchas blancas, más escasas en garganta y tórax. Parte ventral del fémur y brazo amarillo manchado de gris claro.

Distribución: Cerro Madrid, Valle Gualcamayo, norte de San Juan (3.050 m s.n.m.).

Género *Atelognathus* Lynch, 1978.

Acuáticos. Pie con membrana interdigital desarrollada. Piel dorsal lisa, algunas especies con escasas verrugas. Fontanela frontoparietal grande. Huesos palatinos angostos. Huesos nasales grandes en contacto medial. Sin cuadrado yugal, columela, anillo timpánico y caja timpánica. Cintura escapular arcífera con omosternón alargado; esternón cartilaginoso. Atlas convexo o entre cóncavo y convexo. Ocho vértebras presacrales libres. Diapófisis sacrales levemente dilatadas. Falanges terminales ensanchadas.

Cinco especies citadas para la Argentina.

Atelognathus patagonicus (Gallardo, 1962). 50 mm

Descripción: Cabeza pequeña. Hocico puntiagudo, casi triangular. Tímpano no visible. Mano con tubérculos metacarpales desarrollados; los subarticulares cónicos. Pie con membrana interdigital muy desarrollada; tubérculo metatarsal interno alargado; el externo redondo. Pliegue tarsal evidente. Piel lisa con pliegues ondulados en la región lateral y femoral. Macho con callosidades nupciales grises, lisas. Dorso grisáceo o marrón oliva, manchado de oscuro y finamente punteado. Vientre anaranjado brillante, suavemente moteado en pecho y garganta.

Habitat y comportamiento: Muy acuático. En lagos y lagunas con vegetación de *Nostoc* y *Myriophyllum.* Se alimenta de anfípodos (*Hyalella*). Reproducción: primavera y verano. Los huevos son depositados entre plantas acuáticas.

Renacuajo: Cuerpo un poco achatado. Ojos y narinas dorsales y abultados. Aletas altas, casi incoloras, más larga que la cabeza-tronco. Fórmula dentaria 1,1-1/1-1,2. Dorso dorado-marrón pálido con pequeñas manchas oscuras. Abdomen transparente.

Distribución: Neuquén (Parque Nacional Laguna Blanca, en lagunas basálticas Teru, Burro y Flamencos; y meseta Casa de Piedra).

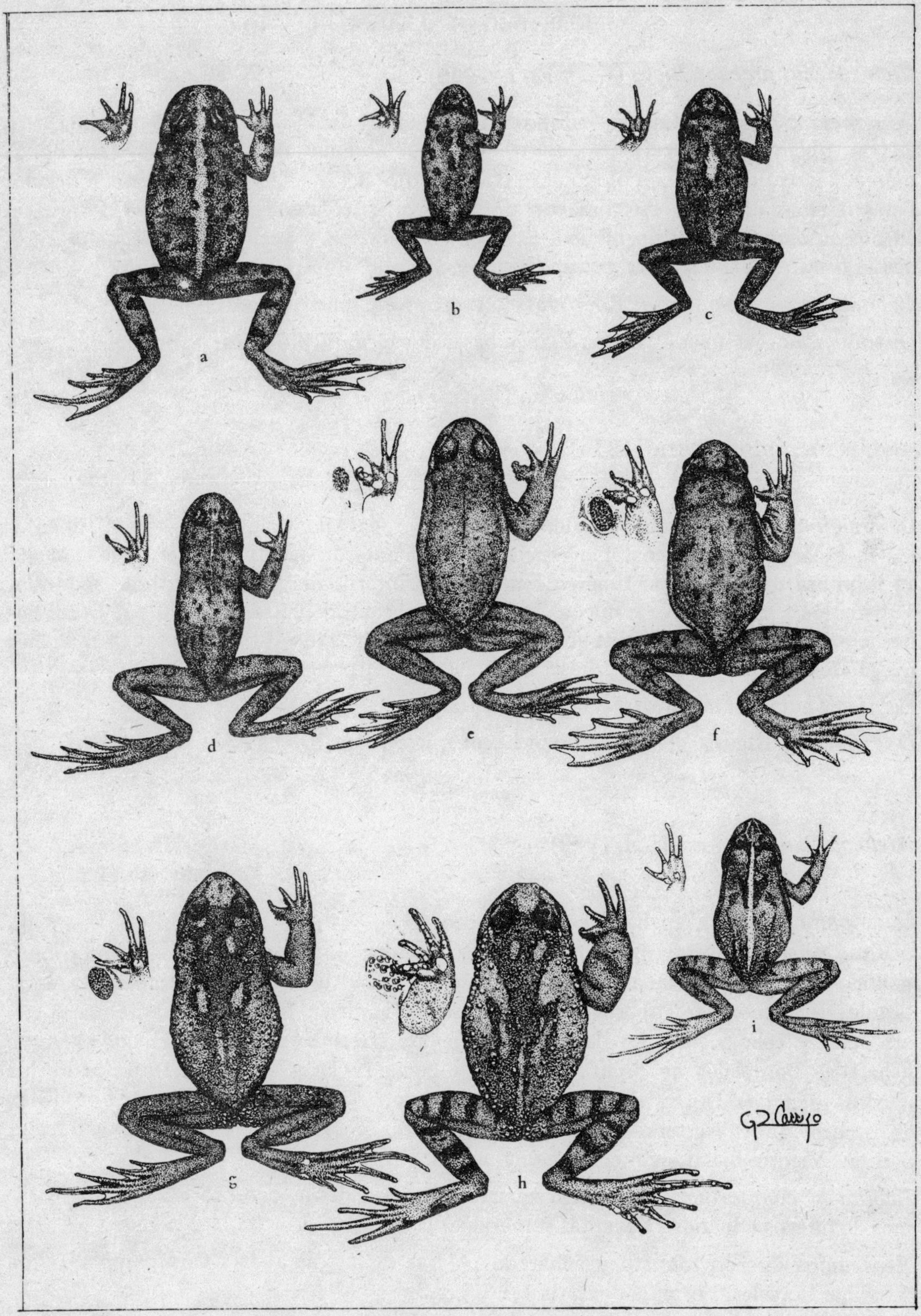

LAMINA II. a) *Atelognathus reverberii.* b) *Atelognathus solitarius.* c) *Atelognathus nitoi.* d) *Somuncuria somuncurensis.* e) *Alsodes pehuenche.* f) *Alsodes gargola.* g) *Alsodes nodosus.* h) *Alsodes verrucosus.* i) *Eupsophus roseus.* (a-i: 3/4 tamaño natural.)

Atelognathus praebasalticus (Cei y Roig, 1968). 27-35 mm

Descripción: Delgado. Cabeza redondeada. Hocico truncado. Tímpano no visible. Mano con tubérculos metacarpales desarrollados. Pie con membrana interdigital medianamente desarrollada; tubérculo metatarsal interno desarrollado, el externo redondo. Patas traseras delgadas. Piel lisa con pocas verrugas romas. Dorso grisáceo con manchas oscuras bordeadas de blanco, a veces con algunas manchas rojas. Mancha interocular oscura y bandas marrones en brazos y piernas. Vientre blanquecino.

Habitat y comportamiento: Reproducción: febrero y marzo.

Distribución: Sistema de Laguna Blanca hasta el cañón Pichi-Leufú, Neuquén.

Atelognathus nitoi (Barrio, 1973). Machos: 40 mm
Hembras: 44 mm

Descripción: Cabeza ancha. Hocico obtuso. Tímpano no visible. Mano con tubérculos metacarpales medianos. Pie con membrana interdigital muy desarrollada, alcanza la punta de los dedos; tubérculo metatarsal interno alargado, el externo redondo. Tubérculos subarticulares cónicos. Piel dorsal y ventral lisa, floja en los flancos. Superficie inferior de los muslos granular. Dorso amarronado o blancuzco con manchas irregulares oscuras. Mancha interescapular clara. Vientre blanquecino.

Habitat y comportamiento: En lagunas andinas.

Distribución: Laguna Verde (1.450 m s.n.m.), Río Negro.

Atelognathus reverberii (Cei, 1969). Machos 35-38 mm
Hembras: 35-45 mm

Descripción: Cabeza ancha. Hocico truncado. Ojo grande; pupila circular. Tímpano oculto; pliegue supratimpánico grueso. Mano con tubérculos metacarpales prominentes. Pie con membrana interdigital hasta la mitad de los dedos; tubérculos metatarsales prominentes. Tubérculos subarticulares cónicos. Macho con antebrazo desarrollado y callosidades nupciales grises. Piel dorsal finamente granular con verrugas achatadas bordeadas de oscuro. Vientre y garganta lisos; superficie inferior de los muslos granular. Dorso gris amarillento con verrugas rojas o purpúreas bordeadas de oscuro. Línea vertebral crema pálido. Brazos y piernas con barras transversales oscuras. Vientre blanquecino con manchas grises borrosas.

Habitat y comportamiento: Ciclo sexual continuo, desde octubre hasta abril. Racimos de huevos adheridos a plantas sumergidas.

Renacuajo: Cuerpo robusto y achatado. Aletas de la cola altas y transparentes. Ojos y narinas dorsales. Fórmula dentaria 1,1-1/1-1,2.

Distribución: Meseta del Somuncurá (1.000 m s.n.m.), Río Negro.

Atelognathus solitarius (Cei, 1970). 30-35 mm

Descripción: Hocico redondeado. Pupila romboidal. Tímpano poco visible, con pliegue supratimpánico. Mano con tubérculos metacarpales medianos. Pie con membrana interdigital hasta 1/3 del largo del dedo; tubérculos subarticulares cónicos. Piel dorsal granular con pocas verrugas achatadas. Vientre liso; superficie inferior de los muslos granular. Dorso grisáceo o crema con manchas oscuras alargadas rodeando verrugas rojas, chatas. Mancha interescapular alargada, clara. Mancha interocular notoria. Bandas transversales oscuras y manchas en brazos y piernas. Vientre blanquecino.

Distribución: Arroyo las Bayas, Pilcaniyeu, Río Negro (900 m s.n.m.).

Género *Somuncuria* Lynch, 1978.

Ojos prominentes y situados dorsalmente. Superficie dorsal de la cloaca evertida. Piel lisa. Sin pliegue tarsal. Pie con membrana interdigital desarrollada. Tres falanges libres. Fontanela frontoparietal grande. Huesos palatinos grandes. Huesos nasales pequeños. Con columela, anillo timpánico y caja timpánica. Diapófisis sacrales levemente dilatadas. Atlas convexo. Ocho vértebras presacrales procélicas. Cintura escapular arcífera con omosternón alargado y espatulado; esternón bifurcado y con dos osificaciones endocondriales. Falanges terminales prominentes. Amplexo inguinal.

Una especie citada para la Argentina (Meseta del Somuncurá, Río Negro).

Somuncuria somuncurensis (Cei, 1969) Machos: 28-35 mm
Hembras: 30-44 mm

Descripción: Cabeza más larga que ancha. Hocico redondeado. Ojos dorsales, prominentes; pupila horizontal con un par de cuerpos redondeados en el borde superior e inferior. Tímpano visible, parcialmente cubierto por un pliegue supratimpánico. Pie con membrana interdigital hasta 1/3 del largo del dedo. Tubérculos subarticulares redondeados. Macho con callosidades nupciales gris pálido. Piel dorsal y ventral lisa. Dorso marrón o amarillento con manchas irregulares y una línea media amarillenta. Vientre amarillo purpúreo, manchado en forma reticulada.

Habitat y comportamiento: En manantiales termales. Ciclo sexual continuo, de octubre a noviembre. Amplexo inguinal.

Renacuajo: Cabeza más ancha que el cuerpo. Hocico levemente sobresaliente. Ojos dorsales, grandes. Aletas dorsal y ventral desarrolladas. Dorso dorado-amarronado. Vientre gris rojizo. Aleta caudal transparente con manchas amarronadas. Fórmula dentaria 1,1-1/1-1,2. De fondo, no gregarios y omnívoros.

Distribución: Noreste de la meseta volcánica de Somuncurá (El Rincón, manantial El Arete, 600-800 m s.n.m., —20 °C), Río Negro.

Género *Alsodes* Bell, 1843.

Acuáticos. Piel dorsal granulosa. Un par de frontoparietales y con fontanela frontoparietal medianamente extendida (es más angosta que en *Atelognathus* y más ancha que las de *Telmatobius hauthali* y *T. marmoratus*). Nasales ampliamente separados entre sí y cortos. Cóndilos occipitales levemente separados. Omosternón corto con una dilatación en el manubrio; esternón ensanchado posteriormente. Ocho vértebras presacrales procélicas. Diapófisis sacrales levemente dilatadas. Ilium con cresta dorsal poco desarrollada.

Cuatro especies citadas para la Argentina.

Alsodes gargola Gallardo, 1970. 50 mm

Descripción: Cabeza ancha. Hocico muy corto y redondeado. Ojos prominentes; pupila circular. Tímpano oculto, pliegue supratimpánico evidente. Mano con tubérculo metacarpal interno alargado, el externo casi circular. Pie con membrana interdigital muy desarrollada; tubérculo metatarsal interno prominente, alargado, el externo redondeado. Tubérculos subarticulares redondeados. Pliegue tarsal desarrollado. Macho con antebrazo muy robusto y con callosidades nupciales espinosas en el 1er. y 2do. dedos y dos placas pectorales negras cubiertas de espinas. Piel dorsal y de las extremidades muy granulosa. Piel lateral del tronco forma amplios pliegues irregulares. Vientre liso, excepto la superficie inferior de los muslos. Dorso gris oscuro con manchas alargadas marrones. Banda oscura interocular. Bandas transversales oscuras en extremidades. Vientre blanquecino.

Habitat y comportamiento: En lagos rodeados por nieve, con orillas cubiertas de líquenes y musgos. Masas de huevos blancos bajo piedras.

Renacuajo: De diferentes colores, en aguas poco profundas. Comen algas. Fórmula dentaria 1,1-1/1-1,2.

Distribución: Cerro Catedral, Parque Nacional Nahuel Huapi y Lagos Tonchek y Schmoll, Río Negro.

Alsodes pehuenche Cei, 1976. Machos: 32-58 mm
Hembras: 52-65 mm

Descripción: Cabeza ancha. Hocico redondeado. Ojos dorsolaterales. Tímpano oculto; pliegue supratimpánico fuerte. Mano con tubérculos metacarpales grandes; los subarticulares redondos. Pie con membrana interdigital desarrollada; tubérculo metatarsal interno elíptico; el externo inconspicuo. Pliegue tarsal muy desarrollado. Macho con antebrazo desarrollado y callosidades nupciales negras, espinosas en el 1er. y 2do. dedos y con verrugas espinosas en antebrazo y párpado superior. Piel dorsal granular. Vientre granuloso, en forma irregular; muy granulosos en la superficie inferior de los muslos. Dorso marrón verdoso con manchas amarillas en el macho; la hembra moteada de marrón con diminutas manchas amarillentas. Mancha interocular amarillenta. Vientre blanco cremoso o blanco azulado, más oscuro y con color purpúreo en la superficie inferior de la pata.

Habitat y comportamiento: En arroyos de montaña, cerca del límite de las nieves perpetuas. Construyen galerías de hasta 1,5 m.

Renacuajo: Cabeza levemente comprimida. Hocico redondeado. Ojos pequeños, dorsales. Punta de la cola redondeada. Dorso negro aterciopelado con pequeñas manchas amarillo-dorado en flancos y vientre. Aletas transparentes con manchas marrones, especialmente en la punta de la cola. Fórmula dentaria 1,1-1/1-1,2.

Distribución: Valle Pehuenche, Mendoza (entre 2.000 hasta 2.500 m s.n.m.).

Alsodes nodosus (Duméril y Bibron, 1841). 40-70 mm

Descripción: Cabeza grande y ancha. Hocico redondeado. Tímpano oculto, cubierto por granulaciones. Mano con tubérculos metacarpales medianos; los subarticulares notorios. Pie con dedos largos y leve reborde cutáneo; tubérculos metatarsales medianos. Macho con patas delanteras robustas, con callosidades nupciales en el 1er. y 2do. dedos de la mano y áreas circulares con diminutas espinas a ambos lados del pecho. Piel dorsal granulosa. Vientre liso, excepto la superficie inferior de los muslos. Dorso verde oscuro o aceitunado, a veces con matices grisáceos o metálicos y manchas irregulares. Mancha interocular oscura, esfumada, casi triangular. Banda temporal oscura. Extremidades con manchas transversales oscuras. Vientre blancuzco, a veces con manchas pequeñas.

Habitat y comportamiento: En bosques y quebradas con mucha vegetación donde abundan aguas frescas y corrientes. Reproducción: en aguas corrientes; los huevos son grandes, blanquecinos.

Renacuajo: En charcos aislados y de agua fría. Cuerpo alargado y deprimido. Hocico obtuso. Dorso marrón oscuro o pardusco, casi uniforme. Aleta caudal con manchas casi simétricas. Fórmula dentaria 1,1-1/1-1,2.

Distribución: Oeste de Mendoza (2.100 m s.n.m.). Además Chile.

Alsodes verrucosus (Philippi, 1902). 40-45 mm

Descripción: Cabeza ancha. Hocico redondeado y obtuso. Tímpano oculto; pliegue supratimpánico grueso. Mano con tubérculos metacarpales y subarticulares fuertes. Pie con leve reborde cutáneo; tubérculo metatarsal interno oval, el externo redondo y pequeño. Macho con callosidades nupciales espinosas, redondas y placas circulares espinosas en el pecho. Piel dorsal verrucosa, con verrugas en series longitudinales. Vientre liso, excepto en la superficie inferior de los muslos. Dorso verdoso con línea vertebral amarilla. Mancha interocular triangular clara y manchas longitudinales oscuras a lo largo de la línea media dorsal. Vientre gris claro con manchas blancuzcas, redondas.

Habitat y comportamiento: En áreas boscosas cercanas a pequeñas lagunas y arroyos.

Distribución: Lagos del norte de Neuquén (Lago Lacar) hasta el Cerro Tronador.

Género *Eupsophus* Fitzinger, 1843.

Piel lisa. Tímpano visible. Dedos de manos y pies libres. Machos con callosidades nupciales no espinosas en el pulgar. Hueso cuadrado yugal presente. Huesos nasales separados. Fontanela frontoparietal presente. Atlas convexo. Procesos transversos en todas las vértebras. Diapófisis sacrales levemente dilatadas. Omosternón cartilaginoso. Falanges terminales dilatadas.

Una especie citada para la Argentina (Neuquén y Río Negro).

Eupsophus roseus (Duméril y Bibron, 1841). 35-50 mm

Descripción: Cabeza y hocico redondeados. Ojos laterales con iris de color dorado arriba y marrón oscuro abajo. Tímpano visible. Mano con tubérculos metacarpales poco notorios. Pie con reborde cutáneo rudimentario; tubérculo metatarsal interno notorio, el externo redondeado. Piel lisa, translúcida en el vientre. Macho con callosidades nupciales grisáceas en el pulgar. Dorso amarillento o amarronado claro con manchas rojo-marrones. Mancha interocular en forma de W. Bandas transversas marrones en extremidades. Vientre amarillento o crema, finamente salpicado de oscuro.

Habitat y comportamiento: En bosque antartándico.

Renacuajo: Cuerpo casi ovoide, curvado en la parte anterior. Ojos grandes, dorsales. Musculatura caudal robusta. Aletas dorsales y ventrales altas, con extremos redondeados. Dorso crema con diminuto moteado oscuro. Abdomen y aletas transparentes. Fórmula dentaria 1,1-1/2.

Distribución: Desde Lago Lacar, Neuquén, hasta Lago Nahuel Huapi, Río Negro. Además en Chile.

Género *Batrachyla* Bell, 1843.

Con aspecto de Hylidos. Pupila horizontal. Piel con granulaciones diminutas. Sin hueso cuadrado yugal. Con fontanela frontoparietal. Diapófisis sacrales dilatadas. Falanges terminales en forma de T.

Tres especies citadas para la Argentina (típicas del bosque antartándico).

Batrachyla antartandica Barrio, 1967. Machos: 31-37 mm
Hembras: 36-39 mm

Descripción: Cabeza achatada. Hocico redondeado. Ojos prominentes; pupila horizontal. Tímpano visible, pequeño. Mano con tubérculos metacarpales medianos; los subarticulares cónicos. Pie con membrana interdigital poco desarrollada y reborde cutáneo; tubérculo metatarsal interno pequeño; el externo inconspicuo. Piel lisa, levemente granular en la superficie inferior de los muslos. Dorso amarillento, marmolado con manchas irregulares oscuras. Mancha interocular marrón bordeada de blanco. Bandas oscuras en extremidades. Vientre crema con manchas oscuras anulares.

Habitat y comportamiento: Reproducción: enero y febrero. Amplexo axilar. Huevos en racimos gelatinosos depositados en el suelo.

Renacuajo: Cuerpo ovoide, ventralmente deprimido. Ojos ántero-dorsales. Narinas dorsales. Musculatura caudal muy desarrollada. Aletas medianas, redondeadas en la punta, no se extienden al cuerpo. Dorso amarillo dorado. Vientre negro. Cola con manchas irregulares amarronadas. Fórmula dentaria 2/3 ó 1,1-1/1-1,2.

Distribución: Parque Nacional Nahuel Huapi, Río Negro. Además en Chile.

Batrachyla leptopus Bell, 1843. 30-35 mm

Descripción: Cabeza redondeada, ancha y achatada. Hocico redondeado. Narinas casi terminales. Pupila horizontal. Tímpano visible. Mano con tubérculos metacarpales desarrollados; los subarticulares medianos. Pie con poca membrana interdigital y leve reborde cutáneo; tubérculos metatarsales débiles. Piel finamente granular; más granuloso en la superficie inferior de los muslos. Dorso amarronado con manchas oscuras desvanecidas. Mancha interocular ancha, en forma de W. Garganta grisácea. Vientre marmolado de marrón sobre fondo claro.

Habitat y comportamiento: En bosques antartándicos. Amplexo inguinal. Huevos grandes puestos en forma de racimos gelatinosos.

Renacuajo: Similar al de *B. antartandica* con narinas más pequeñas. Dorso marrón oscuro. Abdomen transparente con pequeñas manchas. Musculatura caudal y aletas con manchas irregulares. Fórmula dentaria 2/3.

Distribución: Neuquén, Río Negro y Chubut (Parque Los Alerces). Además en Chile.

Batrachyla taeniata (Girard, 1854). Machos: 30-33 mm
Hembras: 33-36 mm

Descripción: Cabeza oval. Hocico redondeado, aguzado. Ojo prominente; pupila horizontal. Tímpano poco visible. Mano con tubérculos metacarpales medianos; los subarticulares redondeados. Dedos de los pies levemente hendidos en el extremo, con membrana interdigital poco desarrollada y reborde cutáneo; tubérculo metatarsal interno prominente; el externo inconspicuo. Macho con callosidades nupcia-

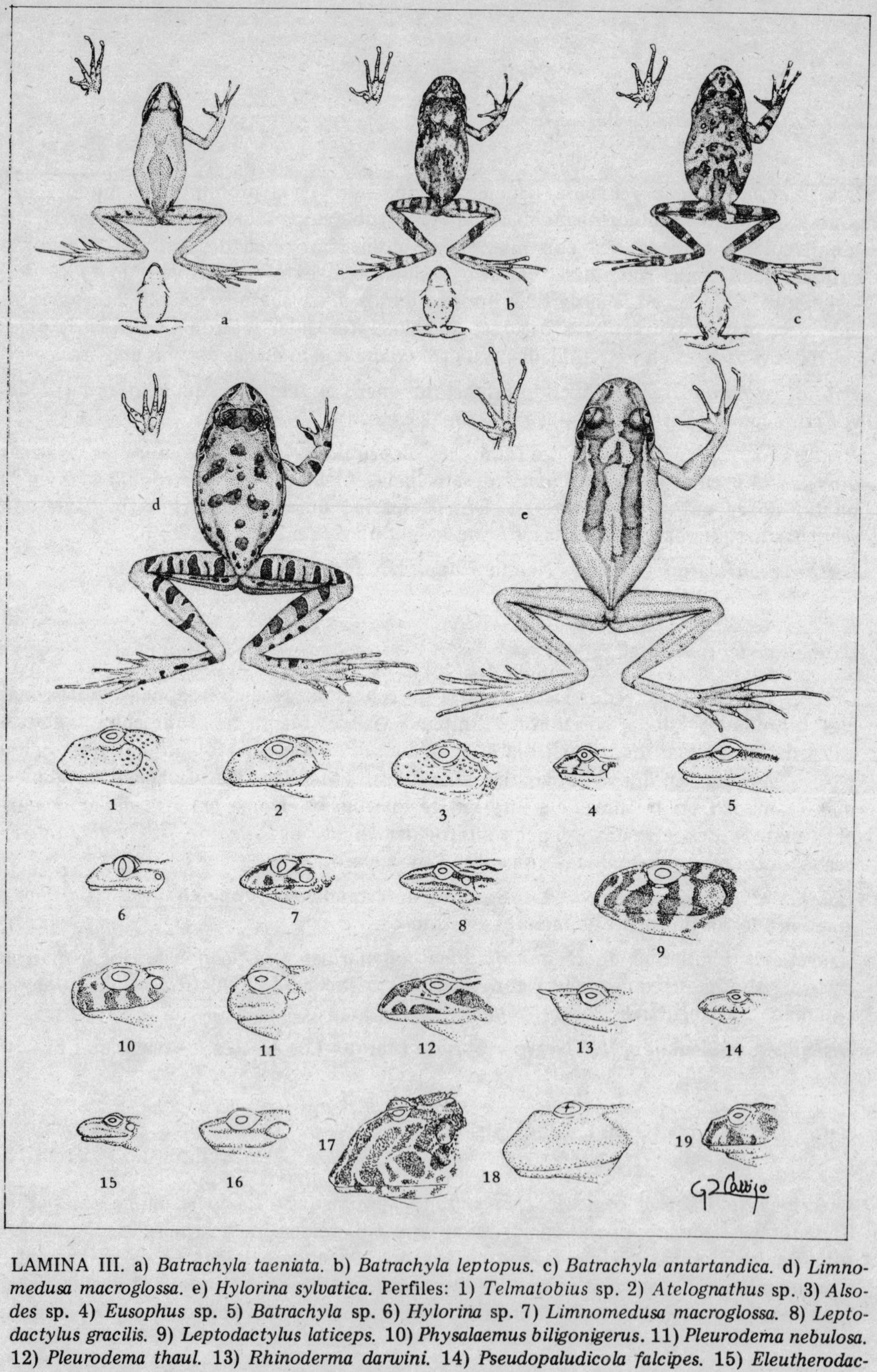

LAMINA III. a) *Batrachyla taeniata.* b) *Batrachyla leptopus.* c) *Batrachyla antartandica.* d) *Limnomedusa macroglossa.* e) *Hylorina sylvatica.* Perfiles: 1) *Telmatobius* sp. 2) *Atelognathus* sp. 3) *Alsodes* sp. 4) *Eusophus* sp. 5) *Batrachyla* sp. 6) *Hylorina* sp. 7) *Limnomedusa macroglossa.* 8) *Leptodactylus gracilis.* 9) *Leptodactylus laticeps.* 10) *Physalaemus biligonigerus.* 11) *Pleurodema nebulosa.* 12) *Pleurodema thaul.* 13) *Rhinoderma darwini.* 14) *Pseudopaludicola falcipes.* 15) *Eleutherodactylus discoidalis.* 16) *Crossodactylus schmidti.* 17) *Ceratophrys ornata.* 18) *Lepidobatrachus laevis.* 19) *Odontophrynus americanus.* (a-e: 3/4 tamaño natural.)

les grises, lisas. Dorso con granulación diminuta, con verrugas en la región axilar y flancos. Vientre granuloso. Con pliegue torácico. Dorso marrón claro o castaño, a veces con manchas más oscuras y más claras a los lados. Banda marrón desde el hocico hasta la axila. Manchas oscuras en extremidades. Vientre blancuzco o amarillento, amarillo brillante en axila y superficie inferior de los muslos.

Habitat y comportamiento: En bosques húmedos antartándicos (*Nothofagus*), del sotobosque. Reproducción: casi todo el año, más a fin de verano y otoño. Amplexo axilar. Huevos puestos en racimos, en lugares húmedos pero fuera del agua. Cantan en la parte baja de la vegetación.

Renacuajo: Cuerpo ovoide. Ojos anterodorsales. Aleta dorsal y ventral desarrolladas, casi agudas. Dorso marrón cobrizo. Vientre negro. Cola con manchas oscuras irregulares. Fórmula dentaria 2/3.

Distribución: Neuquén y Río Negro. Además centro y sur de Chile.

Género *Hylorina* Bell, 1843.

Aspecto delgado. Pupila vertical. Patas traseras largas. Dedos del pie libres. Dedos de la mano alargados. Tímpano visible. Dientes premaxilares, maxilares y vomerianos prominentes. Color dorsal verde dorado.

Una especie citada para la Argentina (Río Negro).

Hylorina sylvatica Bell, 1843. 50-55 mm

Descripción: Cabeza redondeada. Hocico truncado. Ojos laterales, prominentes. Tímpano circular. Dedos de manos y pies muy largos, en los pies con reborde cutáneo. Tubérculos subarticulares prominentes. Tubérculo metatarsal interno prominente, el externo inconspicuo. Piel lisa, densamente granular en la superficie inferior de los muslos. Macho con callosidades nupciales grises, aplanadas. Dorso verde cobrizo brillante con manchas marrón purpúreas. Vientre amarillento.

Habitat y comportamiento: Durante el verano canta en pastizales inundables, entre tallos de *Juncus* o entre el follaje de helechos. Huevos depositados en masas gelatinosas en la base de plantas acuáticas.

Renacuajo: Fórmula dentaria 1,1-1/1-1,1.

Distribución: Cercanías del Cerro Tronador, Lago Nahuel Huapi, Río Negro. Además sur de Chile.

Género *Limnomedusa* Fitzinger, 1843.

Aspecto robusto. Dorso granuloso. Pupila vertical. Tímpano visible. Membrana interdigital basal. Machos con saco vocal medio. Estilo esternal óseo y ancho. Omosternón cartilaginoso alargado. Dientes premaxilares, maxilares y vomerianos desarrollados. Diapófisis sacral cilíndrica. Huesos nasales no en contacto con los frontoparietales. Fontanela frontoparietal ancha. Cóndilos occipitales grandes, poco separados.

Una especie citada para la Argentina (Misiones).

Limnomedusa macroglossa (Duméril y Bibron, 1841). 47-65 mm

Descripción: Cuerpo robusto. Cabeza grande. Hocico acuminado. Ojos grandes, laterales; pupila vertical. Pliegue supratimpánico grueso. Mano con tubérculos redondeados. Pie con membrana interdigital, el externo romo. Con pliegue tarsal y abdominal. Dorso verrucoso y tuberculado, con grandes granulaciones aplanadas en hileras irregulares. Vientre liso excepto la superficie inferior de los muslos. Macho con callosidades nupciales oscuras y aplanadas. Dorso marrón o grisáceo con manchas oscuras. Mancha interocular triangular rodeada por una línea clara. Extremidades con bandas transversales oscuras anchas intercaladas con otras finas. Vientre blancuzco con leve salpicado marrón en la garganta.

Habitat y comportamiento: Muy acuática, de arroyos de aguas corrientes y claras, donde se reproduce.

Renacuajo: Cuerpo ovoide, deprimido. Hocico redondeado. Ojos dorsales. Boca ventral. Cola casi el doble del largo cabeza-tronco y con grandes manchas. Aleta dorsal pigmentada; la ventral con la mitad pigmentada y la otra mitad con punteado. Fórmula dentaria 1,1-1/1-1,2.

Distribución: Misiones. Además Uruguay y sur de Brasil.

Género *Leptodactylus* Fitzinger, 1826.

Pupila horizontal. Tímpano visible. Dedos del pie libres o con membrana interdigital vestigial. Dientes premaxilares, maxilares y vomerianos desarrollados. Omosternón cartilaginoso. Estilo esternal óseo. Falanges terminales simples, con aspecto de uñas.

Trece especies citadas para la Argentina.

Leptodactylus bufonius Boulenger, 1894. 60-65 mm

Descripción: Cabeza 1/3 de la longitud del tronco. Hocico redondeado. Ojos laterales. Tímpano grande, redondo y transparente; grueso pliegue supratimpánico. Macho con glándula comisural triangular. Mano con tubérculos metacarpales alargados; los subarticulares cónicos. Patas traseras cortas y robustas; tubérculo metatarsal interno puntiagudo, el externo redondeado. Piel lisa con algunas verrugas en dorso y extremidades; muy granular en la superficie inferior de los muslos. Con pliegue abdominal. Macho con un solo saco vocal y manchas gulares negras, bilaterales. Dorso agrisado o amarronado con manchas redondas negro brillante. Mancha interescapu-

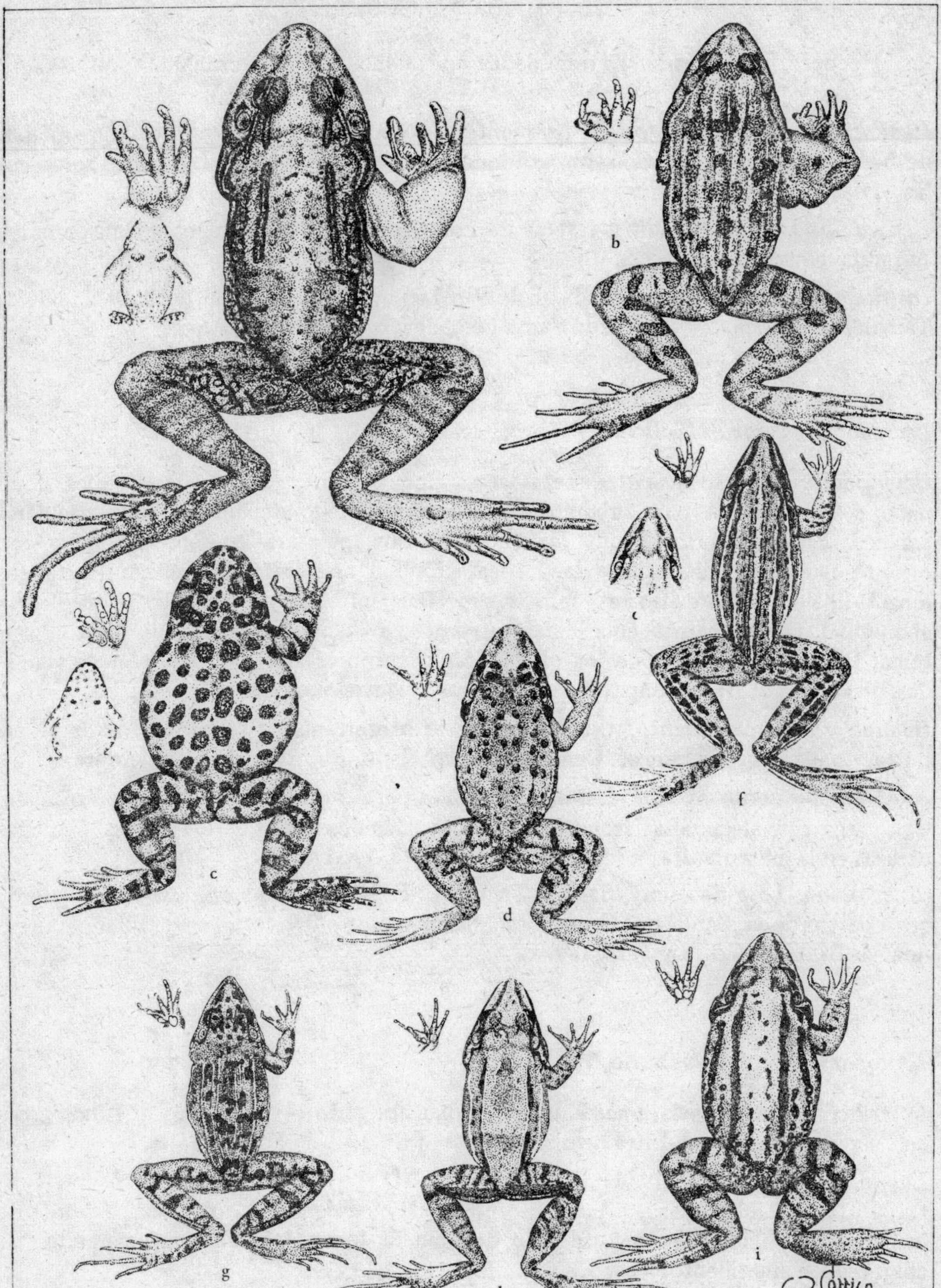

LAMINA IV. a) *Leptodactylus labyrinthicus.* b) *Leptodactylus ocellatus.* c) *Leptodactylus laticeps.* d) *Leptodactylus bufonius.* e) *Leptodactylus geminus.* f) *Leptodactylus gracilis.* g) *Leptodactylus fuscus.* h) *Leptodactylus elenae.* i) *Leptodactylus mystacinus.* (a-c: menos 1/3 tamaño natural; d-i: 3/4 tamaño natural.)

lar blancuzca, redondeada. Extremidades con manchas transversales oscuras. Vientre blancuzco.

Habitat y comportamiento: De ambientes áridos. Los machos construyen un nido de barro en el borde de las lagunas, donde depositan los huevos. Las larvas salen con las lluvias.

Renacuajo: Cuerpo ovoide y levemente coloreado. Cola larga. Aletas transparentes. Fórmula dentaria 1,1-1/1-1,2.

Distribución: Chaqueño, hasta el sur de San Luis; al oeste hasta el norte de San Juan. También en Corrientes y norte de Santa Fe. Además Paraguay y Bolivia.

Leptodactylus gracilis (Duméril y Bibron, 1841). 45-50 mm

Descripción: Aspecto grácil. Cabeza larga. Hocico puntiagudo. Ojos laterales. Tímpano grande. Mano con tubérculos metacarpales redondeados; los subarticulares cónicos. Patas posteriores muy largas; tubérculos metatarsales débiles. Macho con región gular lateral negruzca y saco vocal simple. Dorso liso con 6 pliegues cutáneos longitudinales. Vientre liso, excepto la superficie inferior de los muslos. Con pliegue abdominal. Dorso marrón amarillento o verdoso con 5 líneas claras dorsales, la vertebral termina a la altura de los ojos. Patas posteriores con manchas oscuras alargadas, divididas por líneas longitudinales blancas. Vientre blanco amarillento.

Habitat y comportamiento: Construye cuevas subterráneas donde hace nidos de espuma, donde pone los huevos. Canta alto y espaciado. Reproducción: diciembre.

Renacuajo: Cuerpo ovoide, casi incoloro en la parte inferior. Dorso gris amarronado. Cola larga con aletas altas transparentes salpicadas de oscuro en los bordes. Manchas oscuras en la musculatura caudal. Fórmula dentaria 1,1-1/3.

Distribución: Este de Jujuy, Salta y Tucumán; Formosa, Chaco, Santiago del Estero, oeste de Córdoba, Santa Fe, Corrientes, Misiones, Entre Ríos y norte de Buenos Aires. Además Brasil, Uruguay y Paraguay.

Leptodactylus geminus Barrio, 1973. 39-41 mm

Descripción: Similar a *L. gracilis*, un poco más chica. Dorso con color de fondo grisáceo, especialmente en la línea media.

Habitat y comportamiento: Gran diferencia en el canto con *L. gracilis*. El macho construye una cueva de barro, a poca profundidad y cubierta de hojarasca, al borde de bañados. En su interior hace un nido de espuma donde deposita huevos grandes, de color blanco amarillento.

Distribución: Noreste de Misiones, cerca de la frontera con Brasil. Su canto fue oído al sur de Misiones (Dos de Mayo) pero no fue capturado (Barrio, 1973).

Leptodactylus fuscus (Schneider, 1799). 50-55 mm

Descripción: Cabeza ancha. Hocico puntiagudo. Tímpano redondo, visible. Mano con tubérculos metacarpales diferenciados. Patas traseras robustas; tubérculos metatarsales medianos; los subarticulares romos. Macho con un par de manchas oscuras laterales en la región gular y saco vocal simple. Piel lisa, con 6 pliegues longitudinales en el dorso; levemente granular en la superficie inferior de los muslos. Con pliegue abdominal. Dorso verdoso o amarronado, a veces con línea vertebral clara que se ensancha a la altura de los ojos y llega al hocico. Manchas dorsales marrones, generalmente en series transversales. Extremidades con bandas oscuras. Vientre blancuzco.

Habitat y comportamiento: Construye cuevas en el suelo donde hace un nido de espuma y deposita los huevos.

Renacuajo: Similar al de *L. gracilis*.

Distribución: Misiones, Corrientes, Formosa y Chaco. Además hasta el norte de América del Sur.

Leptodactylus mystacinus (Burmeister, 1861). 50-60 mm

Descripción: Corpulento. Cabeza ancha. Hocico redondeado. Ojos laterales. Tímpano grande, redondo. Extremidades cortas. Mano con tubérculo metacarpal interno ovoide, el externo redondo. Pie con tubérculo metatarsal interno pequeño, el externo redondo. Pliegue tarsal grueso. Macho con región gular con un par de manchas oscuras laterales. Piel dorsal lisa; flancos granulosos. Vientre liso, excepto en la superficie inferior de los muslos. Glándula comisural destacada. Con pliegue abdominal. Dorso gris amarronado con algunas manchas oscuras en forma de coma, con dos bandas oscuras dorsolaterales desde el ojo hasta la región sacral y otras laterales interrumpidas. Línea oscura desde el hocico, a través del ojo hasta la glándula comisural. Extremidades con bandas oscuras transversales. Vientre blancuzco.

Habitat y comportamiento: Nocturno, se oculta en huecos. De pastizales; a veces en lugares selváticos, áreas desmontadas y zonas secas. Resiste notablemente la sequía. Se alimenta de insectos. Reproducción: noviembre y diciembre.

Renacuajo: Cuerpo redondeado. Hocico levemente prominente. Narinas dorsales. Musculatura caudal poco desarrollada. Muy manchado. Aletas dorsal y ventral casi transparentes, con algunas manchas en bordes y punta. Fórmula dentaria 1,1-1/1-1,2.

Distribución: Misiones, este de Chaco y Formosa hacia el sur de Buenos Aires y La Pampa; además San Luis y sierras de Córdoba. Además Bolivia, Paraguay, Uruguay y sur de Brasil.

Leptodactylus elenae Heyer, 1978. 40-50 mm

Descripción: Cabeza grande, ojival. Hocico redondeado. Ojos grandes, laterales. Tímpano redondo, visible. Mano con tubérculo metacarpal interno alargado, el externo en forma de corazón; los subarticulares cónicos. Pie con leve reborde cutáneo; tubérculo metatarsal interno pequeño, redondeado. Pliegue tarsal desarrollado. Macho con áreas gulares laterales marrones. Dorso liso con granulación muy fina, con 2 ó 4 pliegues dorsolaterales con cadenas glandulares interrumpidas y otras laterales más cortas. Vientre liso, excepto la superficie inferior de los muslos. Dorso grisáceo o sepia con mancha interocular triangular más oscura y manchas angulares oscuras en el dorso. Líneas dorsolaterales oscuras y otras laterales interrumpidas. Extremidades con bandas oscuras transversales y línea blanco brillante en el fémur posterior, bordeada de marrón. Generalmente con tubérculos blancos en la parte posterior del tarso. Línea ancha negra del hocico a la axila. Labio superior bordeado de blanco. Vientre blancuzco; planta del pie marrón oscura.

Habitat y comportamiento: Cavícola. Canto como un silbido, parecido al de *L. fuscus.*

Distribución: Desde Jujuy y Salta hasta Corrientes. Además Bolivia, Brasil y Perú.

Leptodactylus podicipinus (Cope, 1862). 40 mm

Descripción: Cabeza alargada, ojival. Hocico redondeado. Ojos laterales. Tímpano redondo, visible. Mano con reborde cutáneo y tubérculos medianos. Pie con membrana interdigital basal y reborde cutáneo ancho y ondulado; tubérculos metatarsales romos, los subarticulares cónicos. Pliegue tarsal desarrollado. Mano con callosidades nupciales y dos espinas córneas puntiagudas negras en la base del 1er. dedo. Piel verrucosa, especialmente en la región dorsolateral y patas traseras. Placas granulares amarillentas ventrolaterales y en la región posterior del fémur. Vientre liso, excepto en las superficies inferior y posterior de los muslos. Macho con saco vocal. Dorso marrón oscuro con manchas diluidas. Mancha interocular triangular oscura que se esfuma hacia el espacio interescapular. Vientre marrón oliva oscuro con manchas redondeadas desvanecidas, también a los lados.

Habitat y comportamiento: Vive y se reproduce entre plantas y raíces de las orillas de los ríos. Reproducción: en verano. Huevos depositados en aguas poco profundas.

Renacuajo: Cuerpo delgado, oval, mas ancho en la región del espiráculo. Cola el doble del largo cabeza-tronco. Aletas desarrolladas, en punta. Dorso marrón oscuro con reflejos metálicos. Vientre claro. Línea lateral bien visible. Fórmula dentaria 1,1-1/3.

Distribución: Misiones, Corrientes, Entre Ríos y Santa Fe hasta el norte de Buenos Aires. A lo largo de los ríos de Chaco y Formosa. Además Uruguay, chaco boliviano, Paraguay y sudoeste y sudeste de Brasil.

Leptodactylus ocellatus (Linnaeus, 1758). Machos: 140 mm
Hembras: más de 120 mm

Descripción: Grande y de patas largas. Cabeza ojival. Hocico redondeado. Ojos laterales. Tímpano grande, visible. Mano con reborde cutáneo; tubérculos metacarpales y subarticulares romos. Pie con membrana interdigital basal y reborde cutáneo ancho; tubérculo metatarsal interno notorio; el externo poco visible; tubérculos subarticulares desarrollados. Pliegue tarsal notorio. Macho con desarrollo del antebrazo, con dos espinas córneas en el 1er. dedo y con saco vocal simple. Piel de la cabeza lisa, dorso con 4 ó 5 pares de pliegues longitudinales. Con glándula comisural alargada y con glándula femoral. Vientre liso, excepto la superficie inferior de los muslos. Con pliegue abdominal. Dorso verdoso o marrón amarillento con líneas longitudinales claras y manchas oscuras redondeadas bordeadas de claro. Superficie posterior de los muslos con reticulado amarillo y negro. Mancha triangular interocular oscura. Vientre blancuzco con manchas amarronadas irregulares.

Habitat y comportamiento: En pantanos y arroyos desde el nivel del mar hasta 1.000 a 1.200 m de altura, principalmente en pastizales húmedos. Se alimenta de pequeños vertebrados, moluscos y artrópodos. La pareja, en amplexo, hace el nido de espuma flotante, generalmente en aguas poco profundas, batiendo con los pies y girando en sentido de las agujas del reloj. El canto es grave y de poca intensidad.

Renacuajo: Gregarios, en grupos de 70 a 80 individuos entre diciembre y marzo. Cuerpo ovoide. Color oscuro con reflejos. Aletas altas, transparentes, manchados de marrón. Fórmula dentaria 2/3.

Distribución: Desde Misiones hasta Buenos Aires, sur de Río Negro, Córdoba, San Luis, Mendoza, San Juan y oeste de Neuquén. Además Uruguay, sur de Brasil y parte de Paraguay.

Leptodactylus chaquensis Cei, 1950. 80-85 mm

Descripción: Cabeza redondeada. Hocico obtuso. Pequeña glándula comisural alargada. Ojos laterales. Tímpano grande, visible; pliegue supratimpánico curvado. Mano con reborde cutáneo; tubérculos metacarpales medianos; los subarticulares romos. Pie con membrana interdigital basal y ancho reborde cutáneo; tubérculo metatarsal interno notorio, el externo poco visible. Macho con antebrazo poco desarrollado, dos espinas córneas en el 1er. dedo y un par de sacos vocales negruzcos. Dorso glandular con 8-10 pliegues. Vientre liso, excepto la superficie inferior de los muslos. Con pliegue abdominal. Dorso verde oscuro o amarronado con franjas longitudinales y manchas redondeadas oscuras. Superficie inferior de los muslos verdosa. Mancha interocular triangular. Vientre blanco.

Habitat y comportamiento: En noviembre se la encuentra cerca del agua y a fin de mes en cuevas poco profundas en barrancas de arroyos. Reproducción: fines de enero (máxima).

Renacuajo: Hocico redondeado. Cola un poco más corta que la del renacuajo de *L. ocellatus*. Fórmula dentaria 2/3.

Distribución: Jujuy, Salta, Tucumán y Santiago del Estero hasta Corrientes, Entre Ríos y gran parte de Santa Fe. Además Uruguay y chaco paraguayo.

Leptodactylus labyrinthicus (Spix, 1824). 185 mm

Descripción: Cuerpo robusto. Cabeza casi triangular. Hocico redondeado. Tímpano redondo, visible. Pliegue supratimpánico terminado en una glándula chata, semitriangular, detrás del hombro. Glándula comisural alargada. Mano con leve reborde cutáneo; tubérculo metacarpal interno saliente, el externo bífido. Pie con leve reborde cutáneo; tubérculo metatarsal interno reducido y puntiagudo, el externo romo. Tubérculos subarticulares de manos y pies prominentes. Macho con espolón en el borde externo del 1er. dedo de la mano cubierto por una capa córnea negra; 2 placas pectorales con 3 ó 4 tubérculos córneos en época de cría y brazos muy desarrollados. Piel dorsal glandular; dos pliegues dorsolaterales y placas glandulares laterales. Placas glandulares en la región posterior de los muslos. Patas traseras con diminutas verrugas espinosas. Vientre liso. Con pliegue abdominal. Dorso amarronado o marrón oliva, más oscuro en flancos y extremidades. Hocico con líneas transversas cortas. Reticulado diluido negro y rojo en la ingle y región postfemoral. Vientre amarillento con reticulado gris.

Habitat y comportamiento: Selva subtropical. Predador de otros vertebrados (ratones, pequeñas aves, culebras). Reproducción: en verano. Nidos de espuma en cuerpos de agua poco profundos. Con secreción cutánea irritante para el hombre.

Renacuajo: Cuerpo elíptico. Hocico angosto. Dorso grisáceo. Vientre claro. Aleta caudal con grandes manchas negras, terminada en punta. Fórmula dentaria 1/1-1,1.

Distribución: Misiones y Corrientes (Playadito). Además sur de Brasil, selva paraguaya, Bolivia, hasta Venezuela.

Leptodactylus laticeps Boulenger, 1918. 115-120 mm

Descripción: Cabeza ancha. Hocico corto. Ojos prominentes. Tímpano redondo, visible; pliegue supratimpánico hasta la axila. Mano con leve reborde cutáneo; tubérculos subarticulares prominentes; los metacarpales ovales. Pie con reborde cutáneo; tubérculo metatarsal interno oval, el externo poco marcado. Macho con espolón con una espina negra en el 1er. dedo; otra espina en la base del tubérculo metacarpal interno; dos placas con espinas córneas negras a ambos lados del pecho. Piel dorsal lisa con placas glandulares chatas. Vientre liso, excepto la superficie inferior de los muslos. Dorso blancuzco o amarillento con hilera de manchas redondeadas semejando un cuadriculado negro y rojo. Labio superior con bandas verticales oscuras. Extremidades con bandas transversas marrón oscuro manchado de rojo. Vientre blancuzco; algunas manchas marrones en garganta y tórax.

Habitat y comportamiento: En vizcacheras. Se alimenta principalmente de anfibios. Construye nidos de espuma flotantes. Con secreción tóxica en la piel que puede producir reacciones alérgicas.

Distribución: Chaco, Santiago del Estero y norte de Santa Fe.

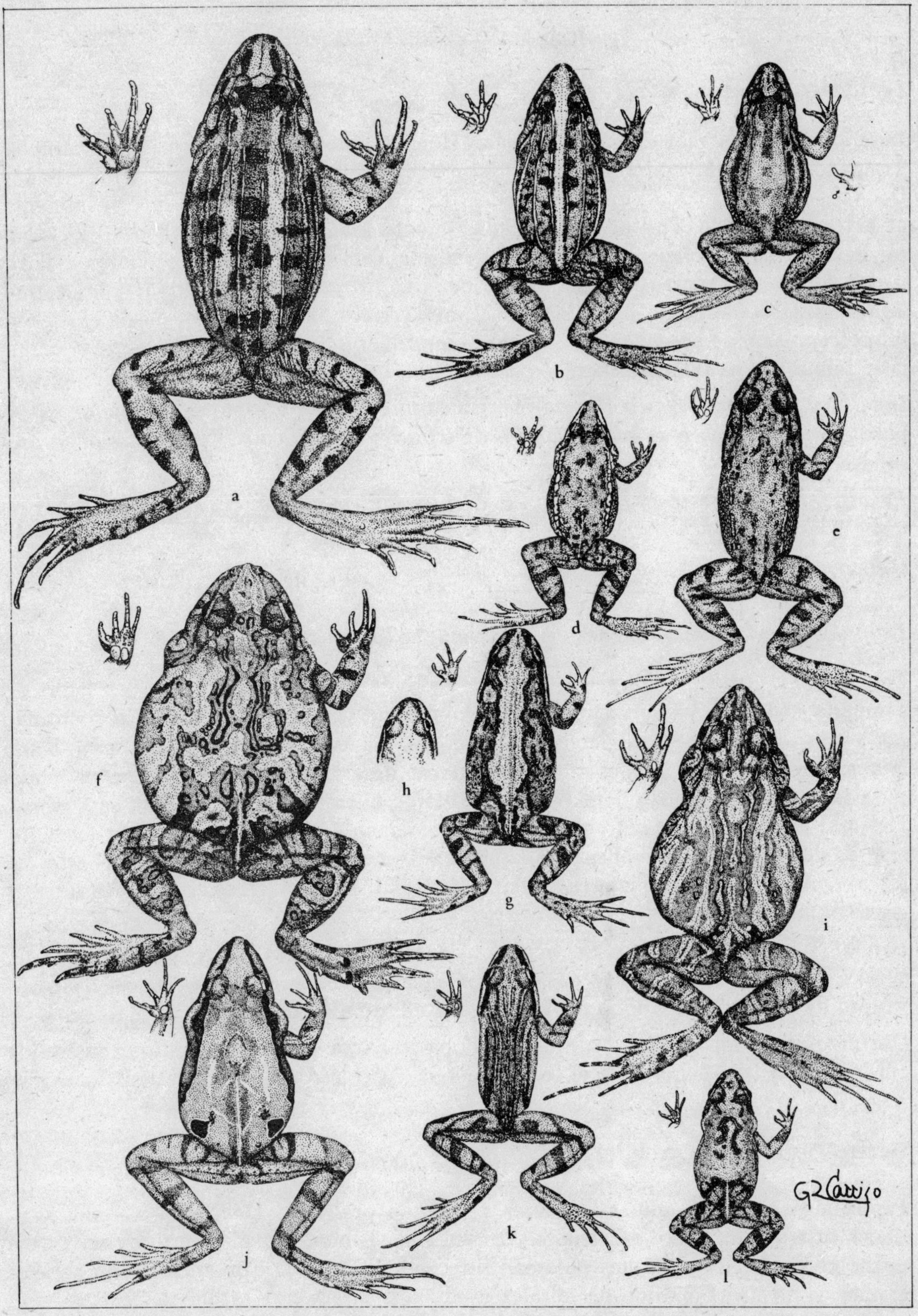

LAMINA V. a) *Leptodactylus chaquensis.* b) *Leptodactylus fuscus.* c) *Leptodactylus podicipinus.* d) *Leptodactylus latinasus.* e) *Leptodactylus marmoratus.* f) *Physalaemus biligonigerus = santafecinus.* g) *Physalaemus fernandezae.* h) *Physalaemus barbouri.* i) *Physalaemus albonotatus = cuvieri.* j) *Physalaemus gracilis.* k) *Physalaemus henseli.* l) *Physalaemus riograndensis.* **(a-d: 3/4 tamaño natural; e-l: tamaño 2/3 aumentado.)**

Leptodactylus marmoratus (Fitzinger, 1867). 20-30 mm

Descripción: Pequeño. Cabeza robusta. Hocico redondeado, corto. Ojos laterales. Tímpano visible. Mano con tubérculos metacarpales y subarticulares desarrollados. Dedos del pie con las puntas dilatadas; tubérculo metatarsal interno prominente, el externo pequeño. Piel dorsal lisa, densamente granular en los flancos. Vientre liso, excepto la superficie inferior de los muslos. Con pliegue torácico. Dorso amarronado con líneas oscuras laterales bordeadas por líneas anchas dorso-laterales vermellón naranja desde el ojo hasta la ingle. Línea vertebral más angosta, desde el espacio interescapular y se ensancha en la región sacral. Labio muy manchado. Mancha naranja en fémur y tibia. Vientre claro.

Habitat y comportamiento: De selvas. Construye nidos de espuma. Las hembras depositan los huevos en el suelo, debajo de troncos caídos, cerca de lagunas poco profundas.

Renacuajo: Metamorfosis rápida, en 3 días ya poseen miembros, aunque la cola permanece larga.

Distribución: Misiones. Además este de Brasil.

Leptodactylus latinasus Jiménez de la Espada, 1875. 30-40 mm

Descripción: Cabeza acuminada. Hocico redondeado y puntiagudo. Ojos laterales. Tímpano redondo y transparente; grueso pliegue supratimpánico que se continúa por el dorso como cadena glandular y llega a la ingle. Con glándula comisural. Mano con tubérculos metacarpales y subarticulares desarrollados. Los tubérculos metatarsales pequeños. Macho con manchas gulares bilaterales oscuras y un saco vocal. Piel lisa; flancos densamente glandulares. Densamente granular en la superficie inferior de los muslos. Con pliegue abdominal. Dorso amarronado con manchas oscuras irregulares y mancha interescapular romboidal. Extremidades con manchas transversas oscuras y anchas. Vientre blancuzco.

Habitat y comportamiento: Se oculta bajo troncos caídos, latas, escombros o en cuevas. Caza insectos entre el pasto. El macho construye pequeñas cuevas de barro y luego de la cópula bate con sus patas posteriores un nido de espuma.

Distribución: Buenos Aires, sur de Córdoba y Santa Fe y Entre Ríos. Sustituida por la subespecie *L.l. anceps* en el área chaqueña. Además Uruguay y sur de Brasil.

Género *Pleurodema* Tschudi, 1838.

Pupila horizontal. Glándulas lumbares a menudo presentes. Dedos del pie con membrana interdigital poco desarrollada o sin ella. Tubérculos metacarpales en forma de hoz. Machos sin pliegues gulares. Sin cuadrado yugal. Fontanela frontoparietal grande y ancha. Cóndilos occipitales separados. Atlas con carillas articulares algo separadas. Estilo esternal ancho, a veces dividido posteriormente. Omosternón cartilaginoso alargado. Diapófisis sacral levemente dilatada. Falanges terminales simples.

Nueve especies citadas para la Argentina.

Pleurodema cinerea Cope, 1877 35-45 mm

Descripción: Cabeza ancha. Hocico corto. Ojos anterolaterales. Tímpano visible. Mano con leve reborde cutáneo; tubérculos metacarpales desarrollados; los subarticulares romos. Pie con escasa membrana interdigital; tubérculos metatarsales en forma de azada, los subarticulares cónicos. Macho con saco vocal simple y callosidades nupciales oscuras. Piel dorsal lisa. Glándula lumbar abultada, elíptica (levemente mayor que el diámetro ocular). Vientre con granulaciones diminutas; densamente granular en la superficie inferior de los muslos. Con pliegue abdominal. Dorso amarronado, con manchas oscuras alargadas bordeadas de claro que a su vez contienen manchas claras con bordes negros. Mancha negro brillante central sobre fondo claro en las glándulas lumbares. Ingle y muslos amarillos. Vientre blanco.

Habitat y comportamiento: Reproducción: a fines de primavera y en verano. Construyen nidos de espuma flotantes, en pequeñas lagunas poco profundas, expuestas a variaciones diarias de temperatura.

Renacuajo: Cuerpo oval, levemente comprimido y oscuro. Cola relativamente corta. Aletas altas, transparentes, salpicadas de oscuro. Fórmula dentaria 1,1-1/3.

Distribución: Montañas de Jujuy hasta Valle de Tilcara. Además en el altiplano de Bolivia y Perú (Lago Titicaca) a más de 4.500 m s.n.m.

Pleurodema borelli (Peracca, 1895). 40-55 mm

Descripción: Cabeza triangular, más ancha que larga. Hocico redondeado. Ojos anterolaterales. Tímpano oval, grande; pliegue supratimpánico evidente. Mano con reborde cutáneo imperfecto; tubérculos subarticulares redondos; los metacarpales obtusos. Pie con reborde cutáneo; tubérculos metatarsales en forma de azada, los subarticulares cónicos. Con pliegue tarsal. Piel con placas glandulares chatas en el dorso y glándulas lumbares prominentes (el doble del diámetro ocular o mayor). Vientre liso. Con pliegue abdominal. Dorso con manchas alargadas marrón claro bordeadas de oscuro. Cadena glandular oscura en forma de W, detrás del ojo. Bandas transversales oscuras en las glándulas lumbares. Extremidades con bandas transversales.

Habitat y comportamiento: Reproducción: a partir de noviembre, durante todo el año (Tucumán). Nidos de espuma grandes.

Distribución: Desde el Valle de Tilcara (Jujuy) hasta el este de Salta y Tucumán. También en Catamarca, La Rioja y Chaco, hasta los 3.000 m s.n.m.

Pleurodema thaul (Lesson, 1826). 50 mm

Descripción: Cabeza ojival. Hocico redondeado. Ojos laterales. Tímpano pequeño. Mano con reborde cutáneo; tubérculos metacarpales salientes; los subarticulares obtusos. Pie con membrana interdigital reducida y reborde cutáneo; tubérculos metatarsales redondeados, los subarticulares cónicos. Con pliegue tarsal. Piel dorsal lisa con algunas verrugas chatas. Glándula lumbar prominente y elíptica (1 1/2 veces el diámetro ocular). Con pliegue abdominal. Macho con callosidades nupciales grisáceas. Dorso amarillento verdoso o verde oscuro con manchas oscuras casi simétricas, bordeadas de claro que contienen anillos negros. Mancha negro brillante en la región lumbar. Vientre blancuzco o amarillento.

Habitat y comportamiento: Del bosque antartándico. Reproducción: todo el año. Huevos en masas gelatinosas depositados entre la vegetación acuática, en pequeños cuerpos de agua entre las rocas.

Renacuajo: Cuerpo ancho y elíptico, grisáceo. Cola muy corta. Aletas con pocas manchas. Fórmula dentaria 1,1-1/1-1,2.

Distribución: Desde el alto valle del Río Neuquén hasta Chubut. Además sur de Chile.

Pleurodema bufonina Bell, 1843. 55 mm

Descripción: Cabeza voluminosa, ancha. Hocico redondeado. Ojos laterales. Tímpano pequeño. Mano con reborde cutáneo; tubérculos subarticulares medianos. Pie con membrana interdigital leve y ancho reborde cutáneo; tubérculos metatarsales en forma de azada; los subarticulares cónicos. Piel lisa, dorso con 2 hileras glandulares a lo largo de la línea media. Superficie inferior de los muslos densamente granular. Glándulas lumbares grandes (3 veces o más el diámetro ocular). Con pliegue abdominal. Macho con callosidades nupciales chatas y oscuras. Dorso verdoso o blancuzco con grandes manchas oscuras. Línea vertebral clara. Vientre blanco.

Habitat y comportamiento: De la estepa patagónica. Huevos en forma de hileras gelatinosas que depositan en lagunas y arroyos poco profundos.

Renacuajo: Similares a los de *P. thaul*, con la cola más larga.

Distribución: Desde el Estrecho de Magallanes hacia el norte hasta Mendoza, a lo largo de la Cordillera y llega al complejo volcánico de Payún. Además sur de Chile.

Pleurodema kriegi (Müller, 1926) 30-35 mm

Descripción: Cabeza ancha. Hocico corto. Ojos anterolaterales. Tímpano redondo, visible; pliegue supratimpánico glandular. Mano con leve reborde cutáneo; tubérculos metacarpales desarrollados; los subarticulares romos. Pie con tubérculos metatarsal interno puntiagudo, el externo en forma de azada con borde afilado. Macho con callosidades nupciales chatas, no pigmentadas y región gular oscura y plegada. Piel dorsal lisa, igual que las extremidades. Vientre liso, excepto la superficie inferior de los muslos. Glándula comisural redondeada. Glándula lumbar elíptica, prominente (mayor que el diámetro ocular). Dorso amarronado con grandes manchas oscuras, casi simétricas. Vientre blancuzco. Rojo anaranjado brillante en ingle y glándulas lumbares.

Habitat y comportamiento: Endémico. Se reproduce en arroyos de las sierras.

Renacuajo: Cuerpo oval, poco comprimido. Ojos grandes, dorsales. Dorso amarro-

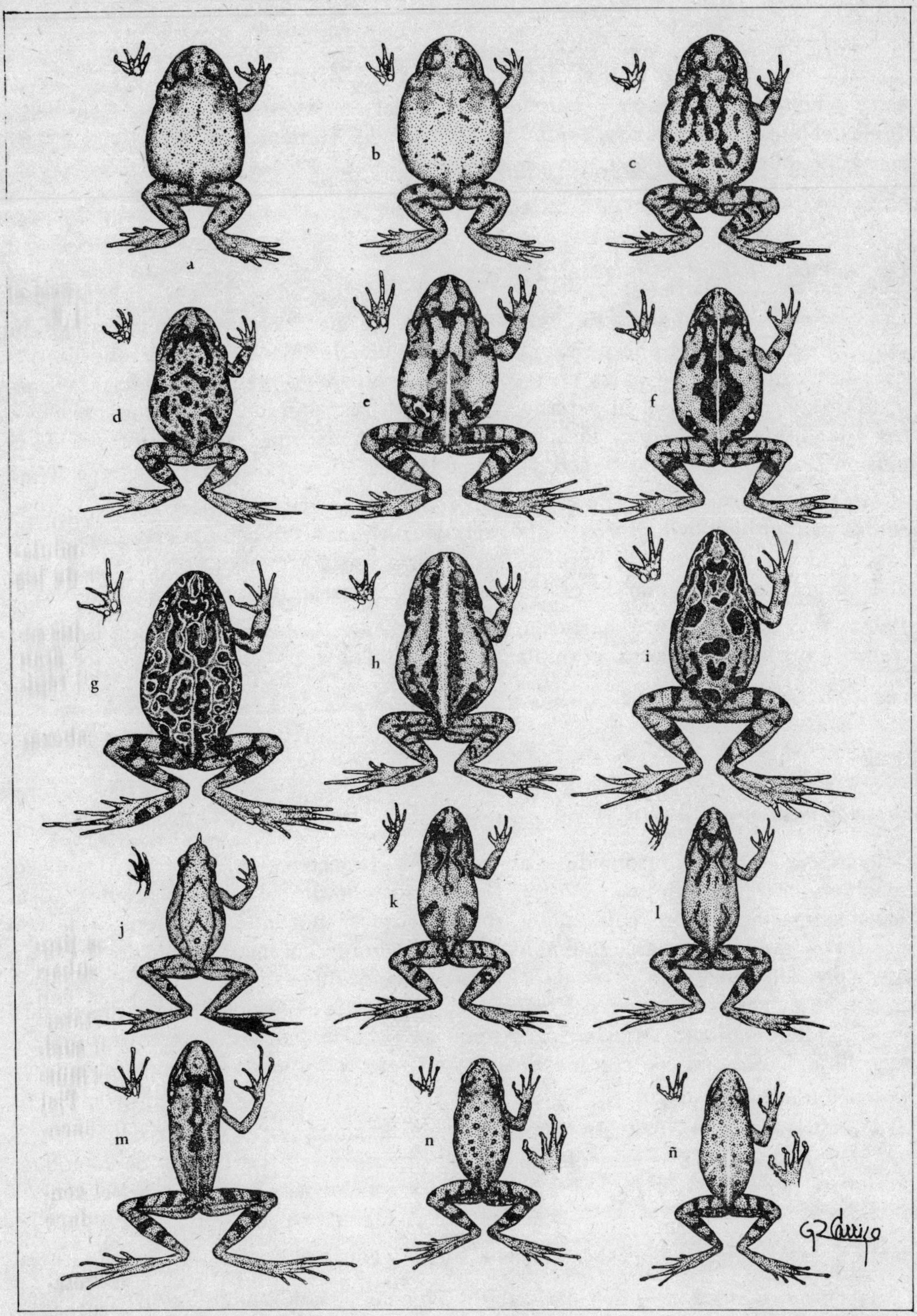

LAMINA VI. a) *Pleurodema nebulosa.* b) *Pleurodema guayapae.* c) *Pleurodema tucumana.* d) *Pleurodema marmorata.* e) *Pleurodema borelli.* f) *Pleurodema kriegi.* g) *Pleurodema cinerea.* h) *Pleurodema bufonina.* i) *Pleurodema thaul.* j) *Rhinoderma darwini.* k) *Pseudopaludicola falcipes.* l) *Pseudopaludicola ameghini.* m) *Eleutherodactylus discoidalis.* n) *Crossodactylus schmidtii.* ñ) *Crossodactylus dispar.* **(a-j, m, n, ñ: 3/4 tamaño natural; k-l: tamaño 2/3 aumentado.)**

nado. Vientre claro. Aletas y musculatura caudal con manchas oscuras. Cola casi el doble del largo cabeza-tronco, con punta redondeada. Fórmula dentaria 1,1-1/1-1,2.

Distribución: Sierras de Córdoba (900-2.000 m s.n.m.).

Pleurodema nebulosa (Burmeister, 1861) 45 mm

Descripción: Cabeza ancha. Hocico truncado. Ojos algo prominentes, laterales. Tímpano redondo, visible; pliegue supratimpánico curvado. Mano con leve reborde cutáneo; tubérculos subarticulares borrosos. Pie con tubérculo metatarsal interno córneo, en forma de azada, igual el externo. Piel dorsal lisa salpicada con verrugas glandulares. Glándula comisural redondeada. Vientre liso, excepto la superficie inferior de los muslos. Dorso grisáceo con manchas grises redondas. Vientre blanco.

Habitat y comportamiento: En zonas áridas del oeste y centro del país. En períodos secos se ocultan bajo tierra. Frecuenta campos cultivados. De hábitos cavadores y gran capacidad de rehidratación. Reproducción: de octubre a marzo, con desarrollo rápido. Hacen nidos de espuma flotantes en charcos temporales, de agua de lluvia.

Renacuajo: Cuerpo alargado. Hocico largo y saliente. Cola más larga que la cabeza-tronco. Dorso y cola pálidos. Fórmula dentaria 1,1-1/3.

Distribución: Desde Catamarca hasta Río Negro, y hasta el oeste de Buenos Aires.

Pleurodema guayapae Barrio, 1964. 38-45 mm

Descripción: Aspecto bufonoide. Cabeza ancha. Hocico corto, truncado. Ojos prominentes, laterales. Tímpano oculto. Mano con reborde cutáneo; tubérculos subarticulares medianos; tubérculo metacarpal interno menor que el externo. Pie con membrana interdigital basal rudimentaria, con reborde cutáneo; tubérculos metatarsales aplanados en forma de azada, el interno mayor que el externo. Piel dorsal suelta, con granulaciones pequeñas. Vientre liso, excepto la superficie inferior de los muslos. Glándula comisural grande. Macho con callosidades nupciales amarronadas. Piel gular floja. Dorso grisáceo con manchas irregularmente dispuestas. Vientre blancuzco. Región gular oscura.

Habitat y comportamiento: En salinas y salares de zonas áridas y semiáridas del centro del país. De hábitos cavícolas, sale a la superficie con las lluvias. Se reproduce en charcos temporarios. Hace nidos de espuma donde deposita huevos color negro.

Renacuajo: Cabeza-tronco oval y a veces comprimido. Hocico alargado y sobresaliente. Cola más larga que la cabeza-tronco. Dorso y cola con manchas y puntos oscuros.

Distribución: Sudeste de La Rioja, sur de Catamarca, sudoeste de Santiago del Estero y noreste de Córdoba.

Pleurodema tucumana Parker, 1927 40-45 mm

Descripción: Tronco robusto. Cabeza ancha. Hocico truncado bruscamente. Ojo prominente, anterolateral. Tímpano oval. Mano con reborde cutáneo; tubérculos carpales notorios, el externo mayor. Pie con membrana interdigital basal y ancho reborde cutáneo; tubérculos metatarsales grandes, espatulados. Dorso densamente granuloso. Glándulas lumbares vestigiales, chatas. Vientre liso, excepto la superficie inferior de los muslos. Dorso amarronado o rojizo con manchas oscuras. Mancha clara, ovalada, interescapular. Extremidades con bandas transversales oscuras. Vientre blancuzco. Macho con garganta salpicada de marrón, más oscuro en los pliegues gulares. Ingle rojiza.

Habitat y comportamiento: Terrestre o semiterrestre, cavícola. De regiones montañosas y llanas del centro del país. Se reproduce en charcos temporarios de alta concentración salina. Construye nidos de espuma.

Renacuajo: Cuerpo algo deprimido. Hocico con narinas sobresalientes. Cola casi el doble del largo cabeza-tronco. Dorso y cola con manchas oscuras. Fórmula dentaria 1,1-1/2.

Distribución: Sudoeste de La Rioja, norte de Córdoba, este de Catamarca, Tucumán y oeste de Santiago del Estero.

Pleurodema marmorata (Duméril y Bibron, 1841) 30-35 mm

Descripción: Cabeza larga, ojival. Hocico redondeado. Ojos prominentes, laterales. Tímpano pequeño; pliegue supratimpánico notorio. Mano con tubérculos subarticulares y metacarpales obtusos. Pie con reborde cutáneo amplio; tubérculos metatarsales redondos, poco marcados. Piel dorsal glandular. Vientre liso, excepto la superficie inferior de los muslos. Glándula comisural redondeada. Dorso amarillento verdoso o amarronado con manchas marrón oscuro. Extremidades con barras transversales oscuras. Vientre blancuzco.

Habitat y comportamiento: De alta montaña. Vive y cría entre 4.000 y 5.000 m s.n.m. debajo de piedras, en ambientes fríos y húmedos.

Renacuajo: Pequeños y oscuros. Cuerpo ovoide, levemente comprimido. Hocico redondeado. Ojos grandes, dorsolaterales. Cola casi el doble del largo cabeza-tronco. Aletas transparentes salpicadas de oscuro en la parte posterior. Cola puntiaguda. Dorso gris oscuro. Vientre pálido. Fórmula dentaria 1,1-1/3.

Distribución: Altas montañas de Jujuy hasta el este de Abrapampa. Además en Bolivia desde Titicaca hasta La Quiaca.

Género *Physalaemus* Fitzinger, 1826.

Pupila horizontal. Lengua elíptica, libre. Dedos del pie con membrana interdigital poco desarrollada o sin ella. Punta de los dedos no dilatadas. Tubérculo tarsal interno en muchas especies del género. Glándulas inguinales presentes, a menudo reemplazadas por manchas. Dientes maxilares y premaxilares escasos o ausentes; dientes vomerianos vestigiales o ausentes. Omosternón cartilaginoso. Estilo esternal óseo bifurcado posteriormente. Sin fontanela frontoparietal. Cuadrado yugal forma una sutura con el maxilar. Diapófisis sacrales levemente dilatadas.

Nueve especies citadas para la Argentina.

Physalaemus biligonigerus (Cope, 1860) 35-40 mm

Descripción: Cabeza pequeña, triangular y ancha. Hocico truncado, redondeado. Ojos laterales. Tímpano oculto. Patas anteriores cortas, dedos delgados. Mano con tubérculos metacarpales y subarticulares redondeados. Pie con reborde cutáneo angosto; tubérculos subarticulares cónicos; los metatarsales en forma de azada. Tubérculo tarsal pequeño. Piel floja. Dorso liso con placas glandulares chatas. Vientre liso, densamente granular en la superficie inferior de los muslos. Con pliegue abdominal. Macho con pliegues oscuros en la región gular y saco vocal externo. Glándula inguinal grande, manchada en su centro. Dorso de coloración variable, de verdoso a amarronado uniforme a un patrón rayado oscuro o marmolado con una línea interescapular en forma de Ω. Extremidades con bandas oscuras transversas. Vientre blancuzco.

Habitat y comportamiento: En llanuras inundables. Flotan en el agua durante el canto nupcial. En lagunas hace un nido de espuma flotante donde deposita huevos no pigmentados. Desarrollo larval breve.

Renacuajo: Cuerpo redondeado. Cola larga, truncada en la punta. Dorso grisáceo. Cola con manchas oscuras en los bordes. Fórmula dentaria 1,1-1/2.

Distribución: Este de Jujuy, Salta, Tucumán, Catamarca, La Rioja hasta el litoral y norte de Buenos Aires. Además Bolivia, Paraguay y Brasil.

Physalaemus santafecinus Barrio, 1965. 28-34 mm

Descripción: Pequeño, muy parecido a *Ph. biligonigerus*. Cabeza un poco más larga. Hocico corto, truncado bruscamente y más sobresaliente. En disección se notan testículos blancuzcos en esta especie y negros en *Ph. biligonigerus.*

Distribución: Areas limítrofes de Corrientes y Santa Fe. Simpátrico con *Ph. biligonigerus.*

Physalaemus cuvieri Fitzinger, 1826. 28,5-32,5 mm

Descripción: Cabeza ojival. Hocico redondeado. Ojos laterales. Tímpano visible; pliegue supratimpánico en diagonal. Dedos de la mano delgados; tubérculos subarticulares redondeados; los metacarpales medianos. Pie con reborde cutáneo; tubérculos metatarsales cónicos. Tubérculo tarsal cónico entre el metatarsal interno y el talón. Piel dorsal granulosa con 2 cadenas laterales bordeadas de marrón, desde detrás del ojo hasta la ingle. Líneas glandulares dorsales cortas. Cadena glandular en forma de Ω entre los hombros (no siempre notable). Vientre granuloso. Con pliegue abdominal. Macho con pliegues gulares y saco vocal y con almohadillas marrón oscuro en los pulgares. Dos pequeñas glándulas sacrales bordeadas de negro. Dorso amarronado o grisáceo con manchas o líneas longitudinales oscuras. Una banda marrón oscura desde el hocico hasta la ingle. Cuatro bandas oscuras verticales en el labio superior, el espacio entre ellas gris blancuzco. Extremidades con bandas marrones transversales. Vientre blancuzco con manchas oscuras en garganta y tórax.

Habitat y comportamiento: Reproducción: setiembre a marzo. Hacen nidos de espuma semiesféricos. Canto similar a un ladrido.

Renacuajo: Las larvas se desarrollan en 2 meses. Cabeza y tronco ovoides. Cola larga con aleta dorsal lanceolada. Dorso oscuro. Fórmula dentaria 2/1-1,2.

Distribución: Misiones y Corrientes. Además sur de Brasil y este de Paraguay.

Physalaemus albonotatus (Steindachner, 1862) 30 mm

Descripción: Semejante a *Ph. cuvieri*, pequeño y delgado. Cabeza más o menos acuminada. Carece de mancha rojiza en la ingle.

Habitat y comportamiento: Canta distinto a *Ph. cuvieri*, el canto es como un maullido o un lamento.

Distribución: Desde el este de Jujuy, pasando por Chaco y Formosa hasta Corrientes y Santa Fe.

Physalaemus gracilis (Boulenger, 1883) 30 mm

Descripción: Cuerpo delgado. Cabeza corta y redondeada. Hocico redondeado. Ojos laterales. Tímpano poco visible. Mano con tubérculos subarticulares obtusos; los metacarpales medianos. Dedos del pie delgados, con reborde cutáneo; tubérculos metatarsales prominentes; tubérculo tarsal pequeño. Piel dorsal algo glandular. Vientre liso; superficie inferior de los muslos densamente granular. Dorso con cadenas glandulares en forma de X. Con pliegue abdominal. Glándula inguinal redondeada. Macho con pliegue en la región gular en relación al saco vocal. Dorso verdoso o amarronado. Banda oscura lateral bordeada de blanco desde el hocico a la ingle. Extremidades con bandas oscuras transversales. Pecho blancuzco, algo punteado de marrón oscuro, especialmente en garganta y pecho. Glándula inguinal rojo-anaranjado, con una mancha negro brillante en el centro.

Habitat y comportamiento: Reproducción: febrero. Hace nidos de espuma flotantes, esféricos, en lugares de aguas permanentes, entre la vegetación.

Distribución: Misiones, Corrientes y Entre Ríos. Además sur de Brasil y Uruguay.

Physalaemus riograndensis Milstead, 1960 25 mm

Descripción: Pequeño, alargado y de patas cortas. Cabeza ancha. Hocico redondeado. Ojos laterales. Tímpano poco visible; pliegue supratimpánico diagonal. Mano con leve reborde cutáneo; tubérculos subarticulares redondeados; los metacarpales medianos. Pie con membrana interdigital poco desarrollada y con reborde cutáneo; tubérculos subarticulares medianos; los metatarsales pequeños y agudos. Tubérculo tarsal débil. Piel dorsal porosa; cadenas longitudinales a lo largo de la línea media vertebral. Vientre liso; superficie inferior de los muslos densamente granular. Dorso marrón o verdoso, con líneas o manchas más oscuras, salpicado de negro. Vientre blancuzco con manchas marrones. Línea blanca longitudinal en garganta y pecho. Macho con la región gular más oscura.

Habitat y comportamiento: En pastizales. Reproducción: de enero a marzo, en lagunas. Hacen nidos de espuma flotantes, pequeños, que contienen huevos grisáceos.

Distribución: Corrientes y Entre Ríos. Además Uruguay y sur de Brasil.

Physalaemus henseli (Peters, 1872) Machos: 17-22 mm
Hembras 18-24 mm

Descripción: Cabeza larga. Hocico redondeado. Ojos laterales. Tímpano poco visible. Dedos de la mano redondeados en la punta; tubérculos subarticulares y metacarpales obtusos. Antebrazos verrugosos. Dedos del pie delgados; tubérculos subarticulares y metatarsales cónicos. Tubérculo tarsal borroso. Piel dorsal glandular. Pliegues glandulares longitudinales dorsales quebrados, del ojo hacia atrás. Con glándula inguinal. Vientre liso. Glándula comisural alargada. Región posterior de los muslos densamente granular. Dorso amarronado con manchas oscuras longitudinales borrosas. Extremidades con manchas oblicuas. Banda oscura desde el hocico hasta el hombro. Línea blanca en el borde de la mandíbula superior. Vientre blancuzco o amarillento.

Habitat y comportamiento: Reproducción: en invierno y de noviembre a marzo. Entre matas de *Eryngium* sp. En lagunas temporarias o permanentes. Hacen nidos de espuma flotantes, pequeños, donde depositan huevos blancos.

Renacuajo: Fórmula dentaria 1,1-1/1-1,2.

Distribución: Isla Martín García y este de Entre Ríos. Además Uruguay y sur de Brasil.

Physalaemus fernandezae (Müller, 1926) Machos: 17-22 mm
Hembras: 17-26 mm

Descripción: Cabeza ancha. Hocico corto. Tímpano oculto; pliegue supratimpánico grueso. Primer dedo de la mano ensanchado y oscuro; dos tubérculos palmares, el interno borroso, el externo marcado. Pie con reborde cutáneo leve; tubérculos metatarsales cónicos. Tubérculo tarsal redondo. Planta del pie con gránulos borrosos en hileras. Piel dorsal con glándulas en forma de pliegues dorsolaterales (a veces con W interescapular). Pliegue ventral cuadrangular. Dorso con triángulo alargado claro desde atrás de los ojos hasta la cloaca, bordeado por líneas oscuras longitudinales. Lateralmente grisáceo con manchas oscuras. Vientre con manchas grises. Extremidad anterior: el brazo con manchas longitudinales, el antebrazo, transversales. Extremidad posterior: con manchas transversales, el postfémur gris claro.

Habitat y comportamiento: En pastizales en la cercanía de arroyos. Canta al borde de lagunas o desbordes de tanques. Reproducción: mediados de enero hasta mediados de abril y fines de agosto a fines de octubre. Hacen nidos de espuma donde depositan huevos blancos.

Renacuajo: Se suelen encontrar entre los restos del nido, son de color plateado y se ubican lateralmente, permaneciendo inmóviles. Cabeza trapezoidal. Cuerpo redondo. Luego con dorso marrón oscuro con una hilera de manchas circulares doradas que se continúan hasta la cola. Ojos dorsales.

Distribución: En Buenos Aires en la zona comprendida entre los dos sistemas de sierras (Tandilia y Ventania) y la zona de influencia de los arroyos que nacen en las sierras de Balcarce.

Physalaemus barbouri Parker, 1927. Machos: 17-19 mm
Hembras: 17,5-22,5 mm

Descripción: Hocico bastante agudo. Tímpano oculto; pliegue supratimpánico grueso. Glándula comisural borrosa. Primer dedo de la mano del macho ensanchado y con una placa oscura en el dorso y lado interno del mismo. Tubérculo metacarpal interno pequeño; hilera de pequeños gránulos palmares. Pie con leve reborde cutáneo; tubérculos metatarsales cónicos. Planta del pie con gránulos borrosos. Piel dorsal con granulaciones, formando pliegues dorsolaterales. Pliegue ventral cuadrangular. Superficie inferior del fémur granulosa. Macho con piel de la región gular extendida y plegada lateralmente; un saco vocal interno; un par de líneas oscuras longitudinales, algo curvas, que se ven por transparencia a través de la piel ventral. Línea dorsal clara rodeada de manchas oscuras. Flancos marrón. Vientre claro con pequeñas manchas marrones. Macho con región gular grisácea oscura. Barras oscuras en el borde del maxilar continuadas por una línea clara longitudinal hasta el arranque de la pata anterior. Pliegue supratimpánico oscuro. Pata posterior con rayas transversales oscuras anchas, intercaladas con otras delgadas; postfémur marrón claro.

Habitat y comportamiento: En pastizales. Se ocultan debajo de troncos caídos. Reproducción: de febrero a noviembre, con interrupciones en junio y julio. Nidos de espuma adheridos a matas de pasto. Canta flotando en el agua. Los huevos son pigmentados.

Renacuajo: Oscuro, con pequeñas manchas negras en la membrana caudal. Cola larga, aguda. Ojos separados entre sí. El iris presenta un anillo interno y puntos color dorado y una mancha oscura arriba y otra debajo de la pupila. Desarrollo de 1 1/2 a 2 meses.

Distribución: Norte y centro de Buenos Aires, Entre Ríos (Concordia). Además Uruguay (desde Barra de Santa Lucía a arroyo Solís).

Género *Pseudopaludicola* Miranda Ribeiro, 1926.

De pequeño tamaño. Sin glándula lumbar ni inguinal. Pupila horizontal. Dedos de manos y pies sin membrana. Tímpano oculto o difícilmente distinguible. Tubérculos metacarpales poco marcados. Tubérculo antebraquial prominente. Con dientes premaxilares y maxilares, los vomerianos ausentes. Omosternón alargado, cartilaginoso o calcificado. Estilo esternal óseo o calcificado. Diapófisis sacral levemente dilatada. Nasales no en contacto con los frontoparietales. Cóndilos occipitales pequeños, separados medialmente. Falanges terminales simples o en forma de T.

Dos especies citadas para la Argentina.

Pseudopaludicola falcipes (Hensel, 1867).

Machos: 15-17 mm
Hembras: 17-20 mm

Descripción: Cabeza y hocico redondeados. Tímpano visible. Mano con tubérculos subarticulares y metacarpales obtusos. Tubérculo antebraquial notable. Pie con membrana interdigital en la base y con reborde cutáneo; tubérculos subarticulares cónicos; los metatarsales medianos. Pliegue tarsal largo y curvado. Piel dorsal lisa, algo glandular. Dos pliegues cutáneos entre los hombros (a veces en forma de X). Vientre liso. Macho con piel gular holgada y con callosidades nupciales. Dorso amarronado grisáceo con manchas oscuras. Vientre blancuzco, a menudo salpicado de oscuro. A veces con línea vertebral blanca.

Habitat y comportamiento: En pastizales húmedos en cercanías de arroyos y campos inundados. Se alimentan de pequeños insectos. Reproducción: principios de setiembre hasta marzo. Masas gelatinosas de huevos color negro, adheridos a tallos sumergidos.

Renacuajo: Metamorfosis entre 1 1/2 a 2 meses. Con patas delanteras desarrolladas se observa la aparición de la X dorsal y a veces la línea media dorsal. Fórmula dentaria 1,1-1/3.

Distribución: Norte y centro de Buenos Aires, Entre Ríos, Misiones y Corrientes. Además Uruguay, sur de Brasil y Paraguay.

Pseudopaludicola ameghini (Cope, 1887).

Machos: 19 mm
Hembras: 22 mm

Descripción: Muy similar a *P. falcipes*. Pequeño y delgado. Cabeza más acuminada que en *P. falcipes*. Hocico redondeado. La narina está más cerca del ojo. Tímpano oculto; pliegue supratimpánico notorio. Pliegue tarsal corto. Piel dorsal densamente glandular. Pliegue abdominal discoidal. Macho con pliegues gulares amarillos. Vientre blancuzco inmaculado.

Habitat y comportamiento: Agiles. En ambientes muy versátiles, desde grietas áridas del terreno hasta orillas húmedas de lagunas temporarias.

Distribución: Corrientes y Entre Ríos. Además Brasil, Bolivia y Paraguay.

Género *Crossodactylus* Duméril y Bibron, 1841.

De pequeño tamaño. Dedos delgados con discos dilatados. Extremos de los dedos con surcos. Dedos del pie alargados con amplio reborde cutáneo. Lengua oval, hendida. Dientes vomerianos poco notables. Tímpano visible. Pupila horizontal. Diapófisis sacral redondeada. Procesos transversos de las 2 vértebras presacrales cortos. Atlas cóncavo con cótilos cervicales ampliamente separados. Nasales no en contacto con frontoparietales. Sin fontanela frontoparietal.

Dos especies citadas para la Argentina (Misiones).

Crossodactylus dispar Lutz, 1925. 28-30 mm

Descripción: Cabeza redondeada. Hocico abultado. Ojo grande, lateral. Tímpano visible. Mano con reborde cutáneo; surcos medios en la punta de los dedos, notorios. Macho con 4 ó 5 espinas córneas en el 1er. dedo; tubérculos metacarpales redondeados. Pie con membrana interdigital basal y reborde cutáneo ancho; discos terminales con surco medio. Tubérculo metatarsal interno desarrollado, el externo poco notorio o ausente. Tubérculos subarticulares en manos y pies. Pliegue tarsal ancho. Piel lisa, porosa, con algunas verrugas bordeadas de oscuro. Vientre liso. Dorso marrón oliva con manchas oscuras desvanecidas. Línea clara desde el extremo del hocico hasta la axila. Línea blanca oblicua extendida lateralmente desde la ingle a la mitad del cuerpo. Vientre blancuzco con escasas manchas oscuras en la garganta.

Habitat y comportamiento: Acuática. Vive en riachos de selva de fondo rocoso. Su canto es grave.

Renacuajo: Cola el doble del largo cabeza-tronco. Cuerpo ancho, deprimido. Aletas transparentes, salpicadas de manchas oscuras. Dorso gris oscuro. Vientre translúcido. Fórmula dentaria 1-1,1,1-1/5.

Distribución: Planicie central de Misiones (700-800 m s.n.m.). Además este y sur de Brasil.

Crossodactylus schmidtii Gallardo, 1961. 21-31,5 mm

Descripción: Cabeza obtusa. Hocico abultado. Ojo grande. Tímpano visible. Mano con reborde cutáneo y surco medio poco notorio en la punta de los dedos. Cuarto dedo igual al segundo. Macho con espinas córneas en el 1er. dedo (5-5); tubérculos metacarpales redondeados; los subarticulares prominentes. Pie con membrana interdigital basal y reborde cutáneo; discos digitales medianos con surco medio visible. Tubérculo metatarsal interno alargado, el externo redondeado. Pliegue tarsal ancho. Piel dorsal lisa con pliegues supratimpánico y dorsolateral poco marcados. Vientre liso. Dorso pardo claro salpicado de oscuro. Banda clara desde el rostro a la axila. Vientre blancuzco, levemente manchado en la región pectoral. Extremidades con bandas oscuras transversales; plantas de los pies oscuras.

Habitat y comportamiento: Riachos de selva poco profundos. Ponen huevos color crema con envoltura gelatinosa.

Renacuajos: Similares a los de *C. dispar*. Fórmula dentaria 1,1-1/1-1,2.

Distribución: Noreste de Misiones, cerca del río Urugua-í (afluente del Paraná).

Género *Eleutherodactylus* Duméril y Bibron, 1841.

Pupila horizontal. Dedos con un surco transverso en el extremo. Dedos de la mano delgados; dedos del pie libres o con membrana interdigital reducida y con los extremos dilatados. Dientes vomerianos desarrollados. Omosternón generalmente cartilaginoso. Nasales en contacto con los pterigoideos. Ventana frontoparietal ausente en adultos. Cóndilos occipitales pequeños y medianamente separados. Falanges terminales en T.

Una especie citada para la Argentina (noroeste).

Eleutherodactylus discoidalis (Peracca, 1895). 35 mm

Descripción: Delgado. Cabeza alargada. Hocico ancho, redondeado. Ojo prominente, lateral. Tímpano visible. Patas largas y delgadas. Dedos de manos y pies con reborde cutáneo. Punta de los dedos en forma de T. Tubérculos subarticulares desarrollados; los metacarpales redondeados. Tubérculo metatarsal interno prominente, el externo pequeño y acuminado. Piel dorsal lisa, con pliegues glandulares borrosos. Con pliegue abdominal. Vientre liso, excepto la superficie inferior de los muslos. Dorso grisáceo, amarronado o castaño. Banda interocular oscura y línea más oscura desde el hocico hasta el hombro. Gran variación individual. Extremidades con bandas oscuras desvanecidas. Garganta rojiza salpicada con blanco. Vientre amarillento brillante. Macho sin sacos vocales.

Habitat y comportamiento: En suelo húmedo de selvas. Con desarrollo directo.

Distribución: Selva subtropical de Salta, Jujuy y Tucumán.

Género *Odontophrynus* Reinhardt y Lütken, 1862.

Piel rugosa. Sin osificaciones dérmicas en la cabeza ni escudo vertebral. Con dientes pedicelados. Glándulas parotoides y tibiales desarrolladas. Dedos del pie con membrana interdigital. Tímpano oculto. Sin omosternón. Procesos transversos de las vértebras presacrales, anterior y posterior, cortos. Segunda vértebra cervical libre. Sin fontanela frontoparietal. Cóndilos occipitales poco separados. Cótilos cervicales muy separados medialmente. Nasales no en contacto con los frontoparietales, estos últimos no ornamentados.

Cinco especies citadas para la Argentina.

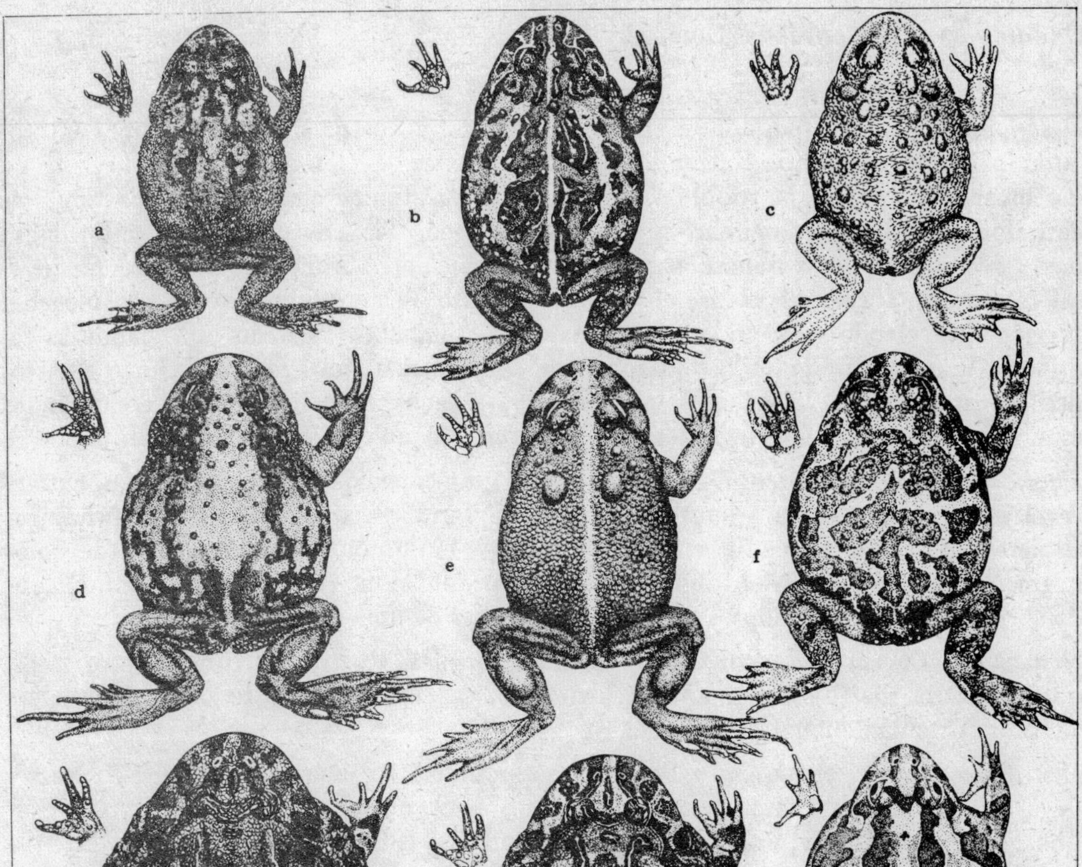

LAMINA VII. a) *Proceratophrys bigibbosa*. b) *Odontophrynus americanus*. c) *Odontophrynus occidentalis*. d) *Odontophrynus barrioi*. e) *Odontophrynus cultripes*. f) *Odontophrynus lavillai*. g) *Ceratophrys ornata*. h) *Ceratophrys cranwelli*. i) *Chacophrys pierottii*. j) *Lepidobatrachus laevis*. k) *Lepidobatrachus llanensis*. l) *Lepidobatrachus asper*. (a-f, i: 3/4 tamaño natural; g-l: 1/3 tamaño natural.)

Odontophrynus americanus (Duméril y Bibron, 1841). Machos: 70-90 mm
Hembras: 120 mm

Descripción: Cabeza redonda y ancha. Hocico muy corto. Ojo prominente, anterolateral. Tímpano oculto. Extremidades muy cortas, la piel del dorso incluye la de los muslos hasta casi la rodilla. Tubérculos metacarpales chatos; los subarticulares casi dobles; superficie palmar áspera, tuberculada. Pie con membrana interdigital hasta 1/3 y reborde cutáneo; tubérculos subarticulares cónicos; tubérculo metatarsal interno en forma de azada, el externo ausente. Pliegue tarsal corto. Piel plegada, fuertemente glandular y granular con verrugas alargadas. Párpado con glándulas redondas. Vientre muy granuloso. Macho con callosidad nupcial marrón. Dorso amarronado o amarillento. Línea vertebral clara y, a veces, manchas rojizas; con grandes manchas simétricas. Vientre grisáceo o blancuzco. Macho con saco vocal oscuro.

Habitat y comportamiento: Cavadores. Tienen gran capacidad de rehidratación. Durante el verano, salvo cuando llueve, permanece enterrado a unos 8 cm de profundidad, cubierto de tierra. Come insectos, arácnidos y moluscos. Los huevos son de color negro, puestos al azar en el fondo barroso. Reproducción: fines de marzo a mediados de abril, setiembre a principios de diciembre y fines de diciembre a febrero.

Renacuajo: Cuerpo globoso. Ojos y narinas dorsales. Rostro marrón. Vientre transparente. Cola marrón con manchas blancas y una línea clara a lo largo de la aleta ventral. Fórmula dentaria 1,1-1/1-1,2.

Distribución: Area chaqueña y litoral-mesopotámica, alcanza la boca del Río Negro; llega al oeste de La Pampa y es simpátrico con *O. occidentalis* en San Luis y Córdoba. Además Uruguay, Paraguay, sur y este de Brasil (900 m s.n.m.).

Odontophrynus cultripes Reinhardt y Lütken, 1862. 70 mm

Descripción: Cabeza ancha y aplanada. Hocico en declive. Tímpano oculto. Patas muy cortas. Mano con tubérculos metacarpales y subarticulares prominentes, los últimos casi dobles. Pie con membrana interdigital leve y reborde cutáneo; tubérculo metatarsal interno en forma de azada; 1er. tubérculo subarticular y pliegue tarsal fuertes. Piel plegada; dorsalmente glandular y verrucosa con dos pares de glándulas parotoides hasta la axila. Glándula tibial grande y elíptica. Vientre granuloso. Macho con pliegue gular. Dorso amarronado a marrón oliva con mancha blancuzca esfumada desde la axila a la ingle. Mancha interocular clara que se extiende como línea vertebral. Manchas marrón pálido que encierran verrugas o glándulas. Vientre blanco.

Habitat y comportamiento: Viven bajo tierra; buenos cavadores. Huevos en masas gelatinosas.

Renacuajo: Cuerpo globoso, levemente aplanado. Ojos y narinas dorsales. Dorso marrón oscuro. Vientre oscuro, transparente. Fórmula dentaria 1,1-1/3.

Distribución: Laguna Espinillo, 250 km de la desembocadura del Pilcomayo, Formosa (Vellard, 1948). Además este y centro de Brasil y Chaco paraguayo.

Odontophrynus occidentalis (Berg, 1896). 65 mm

Descripción: Cabeza ancha. Hocico redondeado y ancho. Ojos laterales. Tímpano oculto. Patas cortas. Mano con reborde cutáneo muy desarrollado; tubérculos metacarpales alargados, chatos; tubérculos palmares cónicos, y los subarticulares anchos. Pie con membrana interdigital hasta 1/3 y reborde cutáneo; tubérculos subarticulares y pliegue tarsal prominentes; tubérculo metatarsal interno en forma de azada. Piel dorsal granular y tuberculada, holgada y plegada posteriormente, con verrugas chatas y redondeadas; alargadas, como las parotoides, detrás de los ojos. Glándula tibial y braquial alargada. Vientre densamente granular. Dorso marrón oliva o marrón oscuro, a veces con manchas oscuras y claras y línea vertebral clara. Vientre blancuzco o amarillo naranja.

Habitat y comportamiento: De regiones arenosas áridas y semiáridas del oeste del país. Su reproducción se condiciona de acuerdo al nivel de agua de los arroyos de montaña. Los huevos son puestos en charcos. Según Barrio (1964) pueden permanecer hasta 2 años o más bajo tierra, en períodos de grandes sequías.

Renacuajo: Cuerpo relativamente corto. Ojos y narinas dorsales. Cola casi el doble del largo cabeza-tronco. Dorso marrón. Vientre claro y transparente. Aletas con manchas oscuras borrosas. Fórmula dentaria 1,1-1/1-1,2.

Distribución: A lo largo del área subandina árida hasta los 2.000 m s.n.m., desde Catamarca hasta Neuquén y Río Negro, extendido por los médanos costeros de Buenos Aires, también en las sierras de Córdoba.

Odontophrynus barrioi Cei, 1982. Machos: 48-52,5 mm
Hembras: 53,5-56 mm

Descripción: Cuerpo robusto. Cabeza pequeña y alta. Hocico corto y redondeado. Pupila elíptica. Tímpano oculto. Dos verrugas achatadas, glandulares, entre ojo y tímpano; glándula alargada en el párpado superior. Pata delantera fuerte y corta, con parche glandular en antebrazo. Mano con leve reborde cutáneo; tubérculos palmares desarrollados; tubérculo en forma de azada en el 1er. dedo. Pata trasera corta, robusta, con parche glandular en la tibia. Pie con membrana interdigital leve; tubérculos subarticulares redondeados; tubérculo metatarsal interno en forma de azada, el externo pequeño. Piel dorsal con verrugas glandulares redondeadas, en forma irregular. Glándulas parotoides poco marcadas. Vientre densamente granular, especialmente en la región coxial y anal. Macho con pliegue cutáneo en la garganta, saco vocal y callosidades nupciales gris amarronado en el pulgar. Dorso amarronado con bandas amarillentas poco marcadas, laterales y dorsales con verrugas más oscuras. Vientre azulado o amarronado con granulaciones blancas.

Habitat y comportamiento: En lagunas de montaña, en ambientes subáridos. Reproducción: octubre a abril.

Renacuajo: Cuerpo robusto y oscuro. Hocico redondo y abultado. Punta de la cola redondeada.

Distribución: Aguadita (2.200 m s.n.m.), 30 km al norte de Famatina, Sierra de Famatina, La Rioja.

Odontophrynus lavillai Cei, 1985. 58-65 mm

Descripción: Cabeza alta y grande. Hocico redondeado. Pupila rómbica. Tímpano cubierto por pliegues glandulares. Extremidades anteriores largas; 1er. dedo de la mano más largo que el 2do. y el 4to., con reborde cutáneo mediano. Tubérculos metacarpales simples en la base del 1er. dedo, y dobles en la base del 3ro. y 4to.; los palmares y subarticulares sobresalientes. Extremidades posteriores largas y robustas; pie ancho con membrana interdigital basal y reborde cutáneo angosto. Tubérculo metatarsal interno prominente, cornificado, en forma de pala; el externo muy poco notorio. Pliegue tarsal corto y poco marcado. Piel dorsal granulosa y glandular. Gránulos más pequeños en las extremidades. Vientre densamente granular, con gránulos redondos blancos sobre fondo negro, más grandes en la parte posterior del abdomen e inferior del muslo. Macho con placas poco evidentes, casi sin pigmentar, en los primeros dedos de la mano. Dorso con manchas irregulares blanquecino amarillento con matices rojizos o anaranjados, alternadas con otras más oscuras, parduscas o castañas. Cuatro bandas verticales, bilaterales, castaño oscuro entre el hocico y la región timpánica. Manchas oscuras anteriores en los párpados. Vientre contrastado. Palmas y plantas negras con tubérculos blancos.

Habitat y comportamiento: De hábitos subterráneos. Ciclo reproductivo aparentemente reducido, de diciembre a enero, en relación con las lluvias.

Renacuajo: Hallados en enero en arroyos entre roquedales graníticos. Semigregarios en estadios avanzados, frecuentemente asociadas con larvas de *Leptodactylus latinasus anceps.* Metamorfosis rápida. Los metamorfoseados son lentos y muy voraces, comen larvas y oniscidos.

Distribución: Sierras de Guasayán, hasta Choya y Frías, Santiago del Estero.

Género *Ceratophrys* Wied-Neuwied, 1824.

Grande. Robusto. Pupila horizontal. Lengua en forma de corazón, libre atrás. Huesos dermales en cráneo y dorso del tronco. Una proyección dermal carnosa en el párpado superior. Con dientes premaxilares, maxilares y vomerianos. Tubérculos metatarsal de tipo cavador. Omosternón cartilaginoso y xifisternón óseo.

Dos especies citadas para la Argentina.

Ceratophrys ornata (Bell, 1843). Hasta 125 mm

Descripción: Grande, robusto, con escudos óseos en dorso y boca muy ancha con procesos odontoides prominentes. Cabeza alta y ancha. Hocico redondeado. Tímpano visible. Pata delantera corta. Mano con leve reborde cutáneo (a veces ausente); tubérculos metacarpales grandes y achatados. Pie con membrana interdigital hasta más de 1/3 del largo; tubérculo metatarsal interno en forma de azada, el externo inconspicuo. Tubérculos subarticulares cónicos. Pliegue tarsal grueso. Piel dorsal osificada y con ornamentaciones, al igual que la región cefálica. Muchos pliegues glandulares dorsales de bordes afilados, en el centro de manchas oscuras salpicadas de verrugas obtusas. Vientre muy granular. Callosidades dérmicas en el centro del párpado superior. Macho con saco vocal no visible externamente y dedos internos de las manos con callosidades nupciales grises y lisas. Dorso amarillento o verdoso con manchas marrones ovales dispuestas de a pares, salvo en el centro del escudo dorsal y otra en el hocico. Mancha interocular en forma de V. Puede tener también coloraciones rojizas o verde brillante. Vientre blanquecino. Garganta moteada en machos.

Habitat y comportamiento: Predador de pequeños vertebrados y artrópodos. Hibernan y se entierran también en épocas de sequía. Cavan con sus patas posteriores con la ayuda del tubérculo córneo del lado interno del pie. Reproducción: enero. Los huevos son puestos en el fondo de lagunas.

Renacuajo: Cuerpo voluminoso, más ancho que largo. Aleta caudal estrecha, con coloración borrosa. Malos nadadores. Ojos dorsales. Narinas abultadas. Gran número de dientes córneos.

Distribución: Area chaqueña y litoral hasta Buenos Aires. Además sudeste de Brasil, Uruguay y este de Bolivia.

Ceratophrys cranwelli Barrio, 1980. 7,5-12,5 mm

Descripción: Mediano. Cabeza grande v chata, de contorno casi circular. Osificaciones dérmicas craneanas y escudo dérmico dorsal. Ojos prominentes, dorsales: párpados con una cresta triangular muy prominente en el borde superior. Pupila lenticular. Tímpano poco visible. Dedos de la mano cortos; dos tubérculos carpales, el externo mayor. Pie con rudimentos de membrana interdigital en la base; tubérculo metatarsal interno en forma de azada con borde oscuro cornificado, el externo apenas visible. Glándula elíptica aplanada en la cara anterior del muslo, cerca de la unión con el cuerpo. Piel dorsal granulosa, especialmente en los flancos. Vientre liso; región inferior de los muslos finamente granular. Dorso marrón claro con manchas oscuras alargadas y poco notorias, bordeadas de claro, dispuestas de a pares salvo una en el dorso y otra en el hocico. Mancha interocular en forma de V. Línea media clara que va desde el borde del maxilar superior, se abre a la altura de las narinas, cubre la parte superior de la cabeza y por detrás del ojo se divide en tres. Una línea media dorsal que termina un poco más arriba de la cloaca y dos laterales que se dirigen hacia atrás y afuera y se pierden en la mitad del cuerpo, semejan un tridente. Extremidades con bandas oscuras transversales. Vientre blanco amarillento. Macho con la región gular negruzca.

Habitat y comportamiento: De la región subtropical seca con lluvias estivales.

Distribución: Jujuy, Salta, Formosa, Chaco, Tucumán, Santiago del Estero, Catamarca, Córdoba, Santa Fe, San Luis y La Pampa. Además Bolivia, Paraguay y sudoeste de Brasil.

Género *Proceratophrys* Miranda Ribeiro, 1920.

Con múltiples apéndices papilares bordeando el párpado superior. Sin glándulas parotoides. Dedos del pie con membrana interdigital. Tubérculos supernumerarios cónicos en la superficie plantar. Machos sin callosidades nupciales en los pulgares. Proceso pterigoideo prominente. Nasales en contacto con frontoparietales. Huesos frontoparietales con exostosis escasa. Un tabique postorbital completo. Diapófisis sacrales redondeadas. Cóndilos occipitales grandes, cercanos. Cótilos cervicales próximos entre sí.

Una especie citada para la Argentina (Misiones).

Proceratophrys bigibbosa (Peters, 1872). 35-40 mm

Descripción: Cabeza no ornamentada. Hocico redondeado. Hilera de papilas acuminadas en el párpado superior, densamente granuloso en su parte interna. Ojos anterodorsales. Tímpano oculto. Protuberancia ósea redondeada, en forma de parotoides, detrás del ojo. Primer dedo de la mano más largo que el segundo; tubérculos subarticulares redondos. Pie con membrana interdigital y reborde cutáneo lateral; tubérculos subarticulares y plantares fuertes; tubérculo metatarsal interno alargado, el externo mediano. Piel dorsal muy granulosa y verrucosa, con hileras de tubérculos chatos. Vientre densamente granular. Dorso amarronado con anchas manchas claras u oscuras hasta la región sacral y femoral. Líneas transversas desde el ojo hasta el labio superior. Vientre marrón oscuro o negruzco, manchado o marmolado de amarillo. Garganta sin manchas.

Distribución: Misiones. Además sur de Brasil.

Género *Chacophrys* Reig y Limeses, 1963.

Más pequeños que los *Ceratophrys*, con cabeza más alta y hocico en declive. Sin apéndices cutáneos en el párpado superior. Piel muy granulosa. Tubérculo metatarsal interno triangular, con borde interno afilado.

Una especie citada para la Argentina (área chaqueña).

Chacophrys pierottii (Vellard, 1948). 55 mm

Descripción: Mediano. Cuerpo robusto. Patas cortas. Cabeza ojival. Ojo grande. Tímpano pequeño. Mano con leve reborde cutáneo; tubérculos metacarpales redondos. Pie con membrana interdigital hasta la mitad; tubérculo metatarsal interno grande, negro y triangular, de borde afilado, el externo falta. Piel dorsal granular, con pocas osificaciones y ornamentaciones en la cabeza. Dorso con cadenas glandulares finas y afiladas. Vientre granuloso. Extremidades lisas. Dorso blanquecino o grisáceo con manchas alargadas marrones o verdosas bordeadas de oscuro, de a pares. Vientre blanquecino; garganta moteada.

Habitat y comportamiento: En salares, tolera condiciones de mucha aridez. La metamorfosis finaliza a fines de verano y principios de otoño.

Distribución: Salares del área chaqueña de Formosa, Chaco, Santiago del Estero y Córdoba.

Género *Lepidobatrachus* Budgett, 1899.

Grande. Pupila romboidal o vertical. Lengua circular. Dientes vomerianos en placas muy pequeñas, separadas entre sí. Tímpano dorsolateral. Con placa dorsal ornamentada, de forma variable según la especie. Dedos del pie con amplia membrana interdigital. Tubérculo metatarsal interno en forma de azada; el externo ausente. Larvas sin pico córneo ni bastoncillos. Sin omosternón. Sin ventana supratemporal.

Tres especies citadas para la Argentina.

Lepidobatrachus asper Budgett, 1899. Machos: 70 mm
Hembras: 90 mm

Descripción: Grande. Cuerpo achatado, robusto. Patas muy cortas. Cabeza muy ancha. Hocico pronunciado. Pupila vertical. Tímpano pequeño, laterodorsal. Mano con tubérculos metacarpales débiles. Pie con membrana interdigital hasta 1/3; tubérculo metatarsal interno en forma de azada, agudo y negro. Piel dorsal glandular. Escudo vertebral prominente, en forma de huso. Vientre con gruesos gránulos. Dorso grisáceo o amarronado. Vientre blanquecino con diminutas manchas. Macho con saco vocal azulado oscuro.

Habitat y comportamiento: Cavícolas. En verano y primavera en lagunas temporarias. Predador, se alimenta de pequeños vertebrados y artrópodos. Reproducción: de octubre a febrero.

Distribución: Parte central y oriental del área chaqueña de Corrientes, Chaco, Santa Fe, Santiago del Estero y norte de Córdoba.

Lepidobatrachus laevis Budgett, 1899. 110-120 mm

Descripción: Grande. Cuerpo deprimido. Extremidades cortas. Cabeza muy ancha. Hocico en declive. Huesos dérmicos cefálicos con ornamentaciones finas y compactas. Ojos pequeños, dorsales. Tímpano visible. Mano con tubérculos metacarpales y subarticulares borrosos. Pie con amplia membrana interdigital; tubérculo metatarsal interno en forma de azada y negro, el externo ausente. Escudo óseo dérmico vertebral poco destacado. Piel dorsal glandular, cadena glandular oblicua en forma de V, en la línea vertebral. Vientre granular. Dorso amarronado grisáceo con manchas más oscuras. Vientre blanco. Macho con saco vocal oscuro.

Habitat y comportamiento: De temperamento agresivo. Frecuenta lagunas y pantanos en los meses de verano.

Renacuajo: Con hileras glandulares dorsales visibles.

Distribución: Región norte y oriental de la región chaqueña en Santa Fe, Chaco, norte de Formosa y este de Salta.

Lepidobatrachus llanensis Reig y Cei, 1963. Machos: 65-75 mm
Hembras: 65-100 mm

Descripción: Robusto. Extremidades medianas. Cabeza ancha. Hocico en declive. Ojos dorsales. Tímpano pequeño, dorsal. Mano con tubérculos metacarpales débiles. Pie con membrana interdigital hasta 1/3 y reborde cutáneo; tubérculo metatarsal interno en forma de azada, negro, el externo no visible. Pliegue tarsal notorio. Piel dorsal verrucosa. Escudo óseo dérmico vertebral, redondeado y segmentado. Vientre granular. Macho con sacos vocales bilaterales y callosidades nupciales amarronadas. Dorso amarronado o rojizo. Manchas axilares e inguinales anaranjado brillante o amarillo. Vientre blanquecino.

Habitat y comportamiento: En verano en zonas inundables de suelo arcilloso. En la estación seca se entierran protegidos por un cocón formado por mudas de piel, lo que regula la pérdida de agua. Reproducción: primavera tardía y verano.

Renacuajo: Cuerpo achatado. Aleta caudal transparente, alta, levemente extendida sobre el dorso. Ojos dorsales orientados hacia adelante. Color pálido con manchas esparcidas. En lagunas temporarias.

Distribución: Llanos de La Rioja y norte de Formosa.

Familia: *RHINODERMATIDAE*

1) Con 8 vértebras presacrales procélicas.
2) Arcos neurales imbricados.
3) Sacro con articulación bicondilar con el coxis.
4) Diapófisis sacrales muy dilatadas.
5) Procesos transversos largos.
6) Cintura escapular pseudofirmisternia.
7) Con elementos prezonales y zonales cartilaginosos (omosternón y esternón).
8) Ilium con cresta dorsal y/o protuberancia dorsal.
9) Falanges sin elementos intercalares.
10) Sin huesos palatinos; sin parahioides.
11) Dientes maxilares y premaxilares ausentes.
12) Con columela.
13) Músculo sartorio poco desarrollado.
14) Tendón del músculo semitendinoso se inserta ventralmente al músculo gracilis.
15) Músculo gluteus magnus con tendón accesorio y sin cabeza accesoria.
16) Pupila horizontal.
17) Sin órgano de Bidder.
18) Sin tubérculo metatarsal externo.
19) Amplexo axilar.
20) Huevos grandes.
21) Larvas con desarrollo dentro del saco vocal de los machos.
22) Espiráculo izquierdo.
23) Fórmula dentaria larval menor de 3/3.

Género *Rhinoderma* Duméril y Bibron, 1841.

De pequeño tamaño. Hocico con apéndice dermal cilíndrico. Desarrollo larval dentro de los sacos vocales modificados de los machos. Cintura escapular pseudofirmisternia. Omosternón desarrollado. Sin órgano de Bidder, dientes, huesos palatinos, vómer ni ótico. Diapófisis sacrales ampliamente dilatadas.

Una especie citada para la Argentina (bosque de *Nothofagus*).

Rhinoderma darwini Duméril y Bibron, 1841. 25-30 mm

Descripción: Pequeño y delgado. Cabeza achatada, triangular. Hocico puntiagudo, terminado en ápice dermal cilíndrico. Pupila horizontal. Tímpano visible. Mano con leve reborde cutáneo; tubérculos subarticulares y metacarpales poco marcados. Pie con membrana interdigital hasta 1/3; tubérculo metatarsal interno pequeño y redondeado, el externo no visible. Extremidades delgadas. Piel dorsal lisa, con pliegues glandulares longitudinales a los lados. Vientre liso, levemente granular en la región posterior de los muslos. Pequeño apéndice dermal cónico en la articulación del talón. Dorso verde o amarronado con manchas borrosas más oscuras. Vientre negro con manchas blancas brillantes. Garganta grisácea moteada de negro.

Habitat y comportamiento: De ambientes húmedos de la región austral; frecuentan arroyos de aguas frías, poco profundos. Reproducción: durante todo el año, más de diciembre a marzo. El amplexo es corto; masas gelatinosas de huevos se hallan en el suelo húmedo. Los machos quedan junto a los huevos, cuando los embriones comienzan sus primeros movimientos se los tragan y los guardan en los sacos vocales modificados, durante 3 semanas. Luego los renacuajos son expulsados y completan su ciclo en el agua.

Renacuajo: Pequeños. Oscuros. Cola casi transparente. Fórmula dentaria 1/2 ó 1/3.

Distribución: Bosque marginal de *Nothofagus* en Río Negro y Neuquén, cerca de la frontera con Chile. Además sur de Chile.

Familia: *PSEUDIDAE*

1) Con 8 vértebras presacrales.
2) Atlas no fusionado con la segunda vértebra.
3) Sacro no fusionado al coxis.
4) Centrum vertebral procélico.
5) Disco intervertebral fusionado al centrum.
6) Cótilos del atlas ampliamente separados.
7) Cóndilos occipitales muy cercanos entre sí.
8) Diapófisis sacral cilíndrica.
9) Sin proceso transverso en el coxis.
10) Sin costillas en adultos y subadultos.
11) Arcos neurales no imbricados.
12) Cintura escapular arcífera.
13) Elementos prezonales y postzonales presentes.
14) Elementos zonales óseos.
15) Escápula no cubierta anteriormente por la clavícula.
16) Ilium con cresta dorsal y/o protuberancia dorsal.
17) Falanges con osificaciones intercalares. Fórmula de las falanges de la mano: 3-3-4-4; del pie: 3-3-4-5-4.
18) Astrágalo y calcáneo sólo fusionados distalmente.
19) Parahioides no osificado.
20) Anillo cricoideo completo.
21) Maxila y premaxila dentada.
22) Paraesfenoides con alas laterales.
23) No hay reducción en el número de huesos craneales.
24) Músculo caudaliopuboisquiotibialis presente.
25) Músculo sartorio diferenciado del músculo semitendinoso.
26) Tendón accesorio del músculo gluteus magnus presente.
27) Músculo adductor magnus con cabeza accesoria.
28) Tendón del músculo semitendinoso pasa ventralmente al músculo gracilis.
29) Pupila horizontal.
30) Lengua presente.
31) Sin órgano de Bidder.
32) Tubérculo metatarsal externo presente.
33) Amplexo axilar.
34) Huevos grandes y de coloración verdosa.
35) Larva acuática de gran tamaño y nectónica.
36) Con pico córneo y dentículos en hileras.
37) Espiráculo izquierdo.
38) Abertura cloacal dextral.
39) Fórmula dentaria larval menor de 3/3.

Género *Pseudis* Wagler, 1830.

Aspecto robusto. Buenos nadadores. Piel levemente granular. Pupila horizontal. Tímpano grande. Dedos del pie con membrana interdigital completa. Extremos de los dedos en punta o abultados. Patas posteriores largas. Dientes vomerianos en dos hileras rectas entre las coanas. Omosternón cartilaginoso. Falanges terminales simples.

Una especie citada para la Argentina.

Pseudis paradoxus platensis Gallardo, 1961. Machos: 38-55 mm
Hembras: 40-58 mm

Descripción: Mediano. Cabeza ancha. Hocico redondeado. Ojos anterolaterales; pupila horizontal. Tímpano ancho. Dedos de la mano con punta redondeada; membrana interdigital basal y reborde cutáneo. Tubérculos subarticulares redondeados; los metacarpales romos. Patas traseras largas. Pie con membrana interdigital ancha, hasta la punta de los dedos; tubérculos subarticulares muy borrosos; tubérculo metatarsal interno prominente, el externo rudimentario. Piel dorsal lisa con diminutas verrugas cónicas. Vientre levemente granular; liso en la superficie inferior de los muslos. Macho con piel plegada en la región gular (saco vocal) y callosidades nupciales oscuras. Dorso verde o amarronado con dos grandes manchas negras en forma de coma de la región interorbital a la interescapular; otras manchas forman líneas interrumpidas. Dorso de extremidades y membrana interdigital manchados de oscuro. Región gular y ventral del tronco manchadas de oscuro sobre fondo claro. Barras femorales longitudinales, gruesas y de trazo neto; rectángulos claros en postfémur. Tibia ventralmente con manchas oscuras irregulares.

Habitat y comportamiento: Muy acuáticos. En pantanos permanentes a lo largo de ríos o lagunas. Se alimentan de pequeños anfibios e insectos acuáticos o que caen al agua. Buenos nadadores. El canto nupcial lo emiten flotando. Masas de huevos verdosos entre plantas acuáticas de orillas.

Renacuajo: Grande y con metamorfosis reducida. Aspecto romboidal. Cuerpo redondeado y comprimido. Ojos laterales. Aleta dorsal alta que se prolonga en forma de cresta, con grandes manchas claras y oscuras. Cuerpo salpicado de oscuro. Se alimentan de algas y trozos de hojas. Fórmula dentaria 2/1-1,2.

Distribución: Por los afluentes del río Paraguay y del Paraná, en Formosa, Chaco, Corrientes, sur de Misiones, Santa Fe y Entre Ríos. Además Brasil, Bolivia y Paraguay.

Pseudis paradoxus occidentalis Gallardo, 1961. Machos: 35-51 mm
Hembras: 42-56 mm

Descripción: Se diferencia de *P. p. platensis* porque el hocico es más en declive; las narinas muy salientes; el pliegue supratimpánico es más notorio cubriendo a veces parte del tímpano; el tímpano es más pequeño. Dorso con 4-2 bandas oscuras o uniformemente grisáceo. Membrana interdigital manchada de oscuro. Vientre claro. Parte ventral del fémur sin manchas o con manchas borrosas. Tibia ventralmente clara.

Habitat y comportamiento: En la estación seca permanecen enterrados en el barro. Se alimentan de insectos, crustáceos y vegetales.

Renacuajo: Similar al de *P. p. platensis* pero con bastante menor desarrollo.

Distribución: En Chaco, Formosa y Salta, en Corrientes y Santa Fe se encuentran formas de transición entre las dos subespecies. Además en Bolivia (El Pailón).

Género *Lysapsus* Cope, 1862.

Aspecto delgado. Muy acuático. Piel densamente granular. Dedos del pie con membrana interdigital desarrollada (no llega a la punta de los dedos como en *Pseudis*). Dientes vomerianos insertados oblicuamente, en placas redondeadas, entre y detrás de las coanas. Omosternón cartilaginoso alargado. Falanges terminales no alcanzan la punta de los dedos.

Dos especies citadas para la Argentina.

Lysapsus limellus Cope, 1862.

Machos: 16-20 mm
Hembras: 17-21 mm

Descripción: Pequeño y delgado. Cabeza acuminada. Hocico bastante agudo, en algunos ejemplares corto. Ojos grandes. Tímpano notorio. Mano con leve reborde cutáneo y discos elípticos casi agudos, terminales; tubérculos subarticulares borrosos; los metacarpales reducidos. Patas traseras largas. Pie con membrana interdigital amplia, hasta la base de los discos terminales que no forma pliegues al juntarse los dedos; tubérculos subarticulares y metatarsales muy borrosos, el externo es un punto córneo. Pliegue tarsal alargado. Dorso y vientre granuloso. Dos pequeños pliegues laterales del párpado a la ingle. Macho con saco vocal simple. Dorso verde claro o verde amarillento con manchas oscuras grandes. Extremidades dorsalmente con bandas oscuras transversales y ventralmente claro con manchas oscuras. Vientre blancuzco o verdoso. Macho con región gular amarillo verdosa.

Habitat y comportamiento: Semejantes a los de *L. mantidactylus*. Canto nupcial agudo, generalmente emitido fuera del agua posado sobre plantas flotantes.

Distribución: Cuencas de los ríos Paraná y Paraguay. En Formosa, Chaco, Santa Fe, Corrientes, Entre Ríos y Buenos Aires. Además al norte hasta Matto Grosso.

Lysapsus mantidactylus (Cope, 1862).

Machos: 25-40 mm
Hembras: 38-48 mm

Descripción: Cabeza ojival. Hocico acuminado, redondeado. Ojos anterolaterales; pupila horizontal. Tímpano visible. Dedos de la mano delgados, bulbosos y más angostos en la punta; tubérculos subarticulares cónicos. Patas traseras largas. Pie con membrana interdigital escotada que se extiende hasta la base de los discos terminales; tubérculos subarticulares muy pequeños; tubérculo metatarsal interno oblicuo y de borde afilado, el externo falta. Pliegue tarsal notorio. Piel dorsal verrucosa con diminutos gránulos, excepto la cabeza. Extremidades con líneas longitudinales de verrugas cónicas. Vientre liso. Macho con región gular plegada y oscura donde están los dos sacos vocales internos y con callosidades nupciales. Dorso verde o amarronado con tres o cuatro hileras de grandes manchas oscuras irregulares. Extremidades con bandas oscuras transversales. Vientre blancuzco con manchas acaneladas. Líneas longitudinales oscuras y anchas que confluyen en la superficie inferior de los muslos. Esqueleto verde.

Habitat y comportamiento: Muy acuático. Puede resistir sequías en pequeños volúmenes de agua. Se alimenta de insectos acuáticos o que caen al agua y de pequeños anfibios. Reproducción: mediados de julio a noviembre, mediados de diciembre a fines de enero y fines de febrero a abril. Los huevos tienen el polo vegetativo verdoso y son adheridos a plantas acuáticas.

Renacuajo: Ojos dorsales, muy separados. Aleta caudal grande, con manchas oscuras. Tres líneas claras divergentes que parten del ojo. Vientre convexo. Se alimentan de algas y rotíferos. Fórmula dentaria 1,1-1/1-1,2 ó 1,1-1/3.

Distribución: Corrientes, Entre Ríos, Santa Fe y Buenos Aires hasta la cuenca del Salado. Además sur de Brasil y Uruguay.

Familia: *BUFONIDAE*

1) Con 7 u 8 vértebras presacrales.
2) Atlas fusionando a la segunda vértebra en *Melanophryniscus* y otros géneros exóticos.
3) Sacro fusionado al coxis en algunos géneros exóticos.
4) Centrum vertebral procélico.
5) Disco intervertebral fusionado al centrum.
6) Cótilos del atlas cercanos (atlas convexo).
7) Cóndilos occipitales muy cercanos.
8) Diapófisis sacrales dilatadas.
9) Procesos transversos en el coxis raros, posiblemente anormal.
10) Costillas ausentes en adultos y subadultos.
11) Arcos neurales imbricados o no imbricados.
12) Cintura escapular arcífera, firmisterna en algunos géneros exóticos.
13) Sin elementos prezonales excepto en algunos géneros exóticos.
14) Con elementos postzonales cartilaginosos.
15) Elementos zonales óseos.
16) Escápula no cubierta anteriormente por la clavícula.
17) Ilium con cresta dorsal y/o protuberancia dorsal.
18) Falanges normales, sin elementos intercalares. Fórmula de falanges de la mano: 2-2-3-3; del pie: 2-2-3-4-3.
19) Huesos tarsales libres.
20) Sin osificación parahioidea.
21) Anillo cricoideo completo.
22) Sin dientes maxilares ni vomerianos.
23) Sin columela en algunas especies de *Bufo* y otras exóticas.
24) Músculo caudaliopuboisquiotibialis ausente.
25) Músculo sartorio diferenciado del músculo semitendinoso.
26) Tendón accesorio del músculo gluteus magnus presente.
27) Cabeza accesoria del músculo adductor magnus presente.
28) Inserción del músculo semitendinoso pasa ventralmente al músculo gracilis.
29) Pupila horizontal.
30) Lengua presente.
31) Con órgano de Bidder en alguna época del desarrollo.
32) Tubérculo metatarsal externo presente.
33) Amplexo axilar.
34) Huevos pequeños, generalmente pigmentados.
35) Larva acuática.
36) Con pico córneo y dentículos en hilera simple.
37) Espiráculo izquierdo.
38) Abertura cloacal media.
39) Fórmula dentaria menor de 3/3.

Género *Bufo* Laurenti, 1768.

Sin dientes. Piel dorsal verrucosa. Con crestas cefálicas de desarrollo variable. Con grandes glándulas parotoides. Cintura escapular arcífera. Sin omosternón. Apófisis laterales dilatadas. Con órgano de Bidder.

Doce especies citadas para la Argentina.

Bufo ictericus Spix, 1824. 120 mm

Descripción: Robusto. Cabeza ancha. Hocico redondeado, casi triangular. Ojo mediano. Tímpano pequeño. Con crestas cefálicas. Parotoides gruesas, elípticas y redondeadas posteriormente. Mano con leve reborde cutáneo; tubérculo metacarpal interno muy desarrollado; tubérculos subarticulares semidivididos. Pata trasera robusta; tubérculos metatarsales en punta; los subarticulares cónicos y pequeños. Piel dorsal con verrugas obtusas con espinas córneas. Pliegues paravertebrales de verrugas prominentes. Vientre granular. Macho con saco vocal externo y callosidades nupciales oscuras, córneas. Dorso amarillo verdoso brillante. Parotoides amarillas. Crestas cefálicas rojo ladrillo o marrón. Garganta blanca. Superficie ventral de las extremidades blancuzco con vermiculado marrón. Pecho, vientre y fémur oscuros. Cresta supralabial marrón. Macho con dorso amarillento claro con manchas oscuras grandes y con bandas transversales en las extremidades. Línea vertebral blanquecina. Manchas de tono intenso en vientre y garganta.

Habitat y comportamiento: En arroyos de selva. Canto como un trémolo (cururú).

Renacuajo: Dorso gris oscuro. Vientre grisáceo. Aletas altas de colores desvanecidos. Fórmula dentaria 1,1-1/1-1,2.

Distribución: Misiones y norte de Corrientes sobre el río Uruguay. Además este y sudeste de Brasil.

Bufo arenarum Hensel, 1867. Machos: 88-108 mm
Hembras: 93-112 mm

Descripción: Cabeza levemente cóncava. Hocico redondeado. Crestas cefálicas. Ojos prominentes. Tímpano visible, redondo. Cresta a lo largo del labio superior. Parotoides delgadas, seguidas por glándulas verrucosas. Macho con patas delanteras robustas. Mano con o sin reborde cutáneo; tubérculos metacarpales desarrollados, los subarticulares semidivididos. Pie con membrana interdigital más de la mitad y con reborde cutáneo; tubérculo metatarsal interno en forma de azada, el externo redondeado; los subarticulares cónicos. Piel dorsal con verrugas pequeñas u obtusas con una o varias espinas córneas. Vientre granular. Macho con saco vocal externo azulado y callosidades nupciales en el 1er., 2do. y 3er. dedos de la mano. Macho con dorso amarronado o verdoso. Hembra con dorso grisáceo, marrón brillante y azulado con grandes manchas amarronadas. Vientre blancuzco.

Hay varias subespecies: *B. a. arenarum* en el sur de Brasil, con hocico corto y

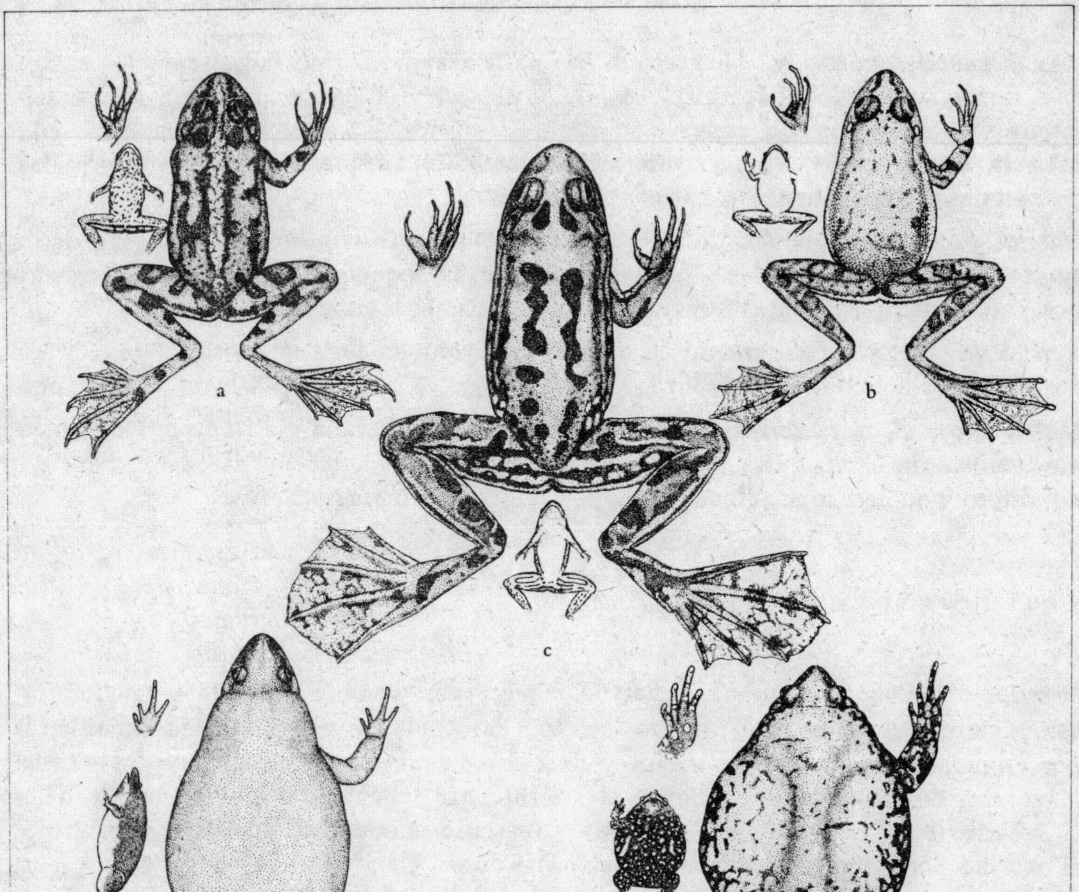

LAMINA VIII. a) *Lysapsus mantidactylus.* b) *Lysapsus limellus.* c) *Pseudis paradoxus.* d) *Elachistocleis bicolor.* e) *Dermatonotus mulleri.* f) *Melanophryniscus rubriventris.* g) *Melanophryniscus stelzneri.* h) *Melanophryniscus tumifrons.* (a, c, e, f: 3/4 tamaño natural; b, d, g, h: tamaño 2/3 aumentado.)

crestas cantales cortas y salientes; *B. a. platensis* de hocico largo, cantales alargadas, romas y espacio interorbital ancho; *B. a. mendocinus* de hocico largo, espacio interorbital estrecho, con concavidad cantal e interocular muy marcadas; *B. a. chaguar* de hocico corto, espacio interorbital ancho y crestas cefálicas bien definidas, las cantales de filos salientes y narinas delanteras.

Habitat y comportamiento: Ciclo sexual potencialmente continuo. Canto oído desde agosto hasta abril en lagunas y lagos. Ponen huevos pequeños, negros, en ristras gelatinosas adheridas a las plantas sumergidas. En invierno se esconden.

Renacuajo: Negros. Extremo de la cola redondeado; la aleta no se extiende sobre el dorso. Fórmula dentaria 1,1-1/3 o 1,1-1/1-1,2.

Distribución: B. a. platensis en zona de influencia del Paraná y Río de la Plata; *B. a. mendocinus* en Cuyo hasta Neuquén; *B. a. chaguar* en norte de Santa Fe, Santiago del Estero y de La Rioja. Además Bolivia, Paraguay, Uruguay y Brasil.

Bufo variegatus (Günther, 1870).

Machos: 43-44 mm
Hembras: 45-50 mm

Descripción: Cabeza pequeña, achatada, sin crestas y con borde cantal ancho. Hocico corto, redondeado. Tímpano oculto. Parotoides ovales, medianas, cubiertas por granulaciones. Dedos de manos y pies con membrana interdigital rudimentaria. Mano con dos tubérculos palmares, el interno más saliente; tubérculos metacarpales y subarticulares desarrollados. Pie con tubérculo metatarsal interno desarrollado, el externo poco marcado. Sin saco vocal. Piel dorsal glandular con verrugas alargadas, por detrás de las parotoides. Glándula femoral y tibial redondeadas. Vientre liso, granular en abdomen posterior y muslos. Dorso verde oscuro o castaño con glándulas oscuras brillantes y 3 ó 5 líneas longitudinales amarillas bordeadas de negro. Manos y pies anaranjados. Región sacral y muslos amarillo o anaranjado. Dedos blancos. Vientre negro, marmolado con manchas blancas. Garganta blancuzca. Macho con callosidades nupciales grisáceas en el 1er. y 2do. dedos de la mano.

Habitat y comportamiento: De bosques antartándicos, en ambientes húmedos. No saltador, malos nadadores, caminan lentamente. Los huevos son puestos en masas formadas por una hilera doble espiral, en pequeñas lagunas. Comen coleópteros, larvas e Isópodos terrestres.

Renacuajo: Muy pigmentados. Cola redondeada en la punta. Musculatura caudal delgada. Aletas altas. Fórmula dentaria 1,1-1/3.

Distribución: Sur de Neuquén hasta sudoeste de Río Negro. Además sur de Chile.

Bufo achalensis Cei, 1972.

Machos: 60-69 mm
Hembras: 54-62 mm

Descripción: Cabeza grande y ancha. Hocico puntiagudo y truncado. Crestas cefálicas poco marcadas. Tímpano visible. Parotoides pequeñas, redondeadas y lisas. Mano con tubérculos metacarpales desarrollados, los subarticulares en punta. Pie con tubér-

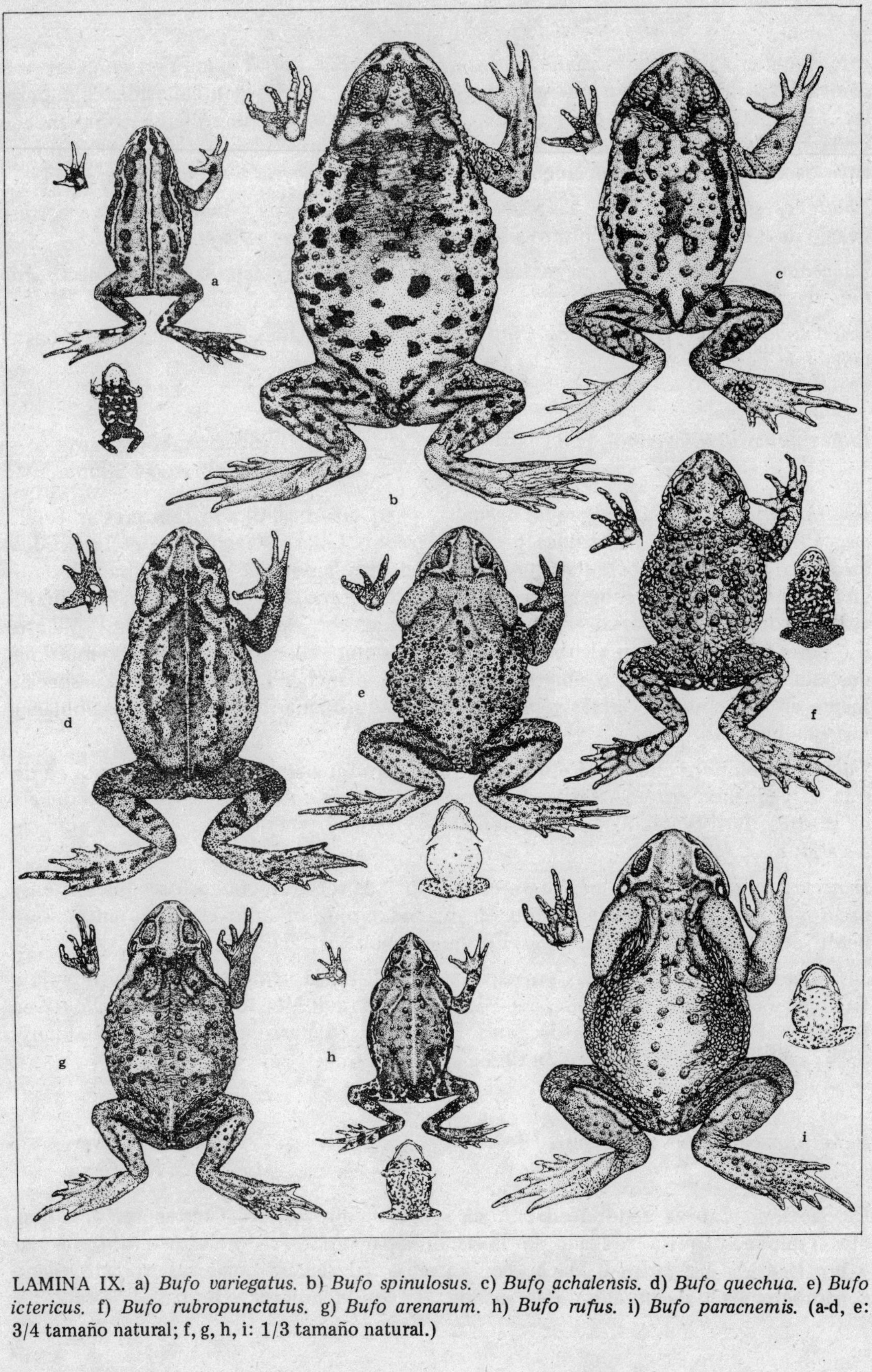

LAMINA IX. a) *Bufo variegatus.* b) *Bufo spinulosus.* c) *Bufo achalensis.* d) *Bufo quechua.* e) *Bufo ictericus.* f) *Bufo rubropunctatus.* g) *Bufo arenarum.* h) *Bufo rufus.* i) *Bufo paracnemis.* (a-d, e: 3/4 tamaño natural; f, g, h, i: 1/3 tamaño natural.)

culo metatarsal interno mediano, el externo débil. Piel dorsal glandular, con verrugas cónicas. Vientre liso, muy plegado en algunas zonas. Macho con callosidades nupciales amarillentas, y sin saco vocal. Dorso y flancos grisáceo o amarillento con manchas brillantes alargadas en las hembras y oscuras desvanecidas en los machos. Banda interocular oscura. Vientre blancuzco con diminutas manchas negras. Garganta inmaculada.

Habitat y comportamiento: Terrestre, vive lejos de arroyos y manantiales de sierras, debajo de piedras, a menudo junto a Iguanidos (*Cupriguanus achalensis*).

Renacuajo: En pequeños arroyos serranos. De color negro, similares a los de *B. spinulosus*.

Distribución: Sierras grandes de Córdoba (Pampa de Achala, Comechingones, Gigantes) a más de 1.800 m s.n.m.

Bufo spinulosus Wiegmann, 1834. Machos: 68-78 mm
Hembras: 74-83 mm

Descripción: Cabeza ancha, redondeada. Hocico corto, abultado. Sin crestas cefálicas. Tímpano visible. Parotoides pequeñas, redondeadas. Macho con antebrazo desarrollado. Mano con tubérculos metacarpales desarrollados. Pie con membrana interdigital variable según la subespecie; tubérculos metatarsales desarrollados; los subarticulares cónicos. Piel dorsal glandular y verrucosa, con espinas queratinosas. Vientre liso pero muy plegado en algunas zonas. Machos con callosidades nupciales amarronadas; sin saco vocal. Dorso amarronado u oliva manchado irregularmente, especialmente en las hembras. Palmas y plantas anaranjado o amarillento en algunas poblaciones y en juveniles.

Habitat y comportamiento: Reproducción: otoño e invierno temprano. Huevos en ristras en pequeños arroyos andinos. En meses calurosos en cuevas de arroyos o debajo de piedras. Resistentes a la desecación. Los juveniles generalmente están en ambientes áridos.

Renacuajos: Dorso y cola negro aterciopelado. Los recién metamorfoseados son muy oscuros y con la superficie inferior de manos y pies amarillo claro. Se encuentran desde setiembre hasta mayo o junio. Fórmula dentaria 1,1-1/3.

Distribución: B. s. spinulosus en regiones cordilleranas y precordilleranas de Jujuy, Catamarca, Tucumán, Córdoba, La Rioja, San Juan y Mendoza. *B. s. papillosus* en Neuquén, Río Negro y norte de Santa Cruz. *B. s. chilensis* en Mendoza, San Juan y Salta, a 4.000 m s.n.m. Además en Chile.

Bufo rubropunctatus Guiehénot, 1848. Machos: 45-55 mm
Hembras: 50-65 mm

Descripción: Cabeza redondeada. Hocico ligeramente agudo. Crestas cefálicas visibles. Tímpano pequeño rodeado por la glándula parotoides, redondeada o subtriangular y por la cresta postorbital. Macho con antrebrazo levemente más desarrollado. Mano con tubérculos metacarpales desarrollados. Pie con membrana interdigital hasta 2/3 y

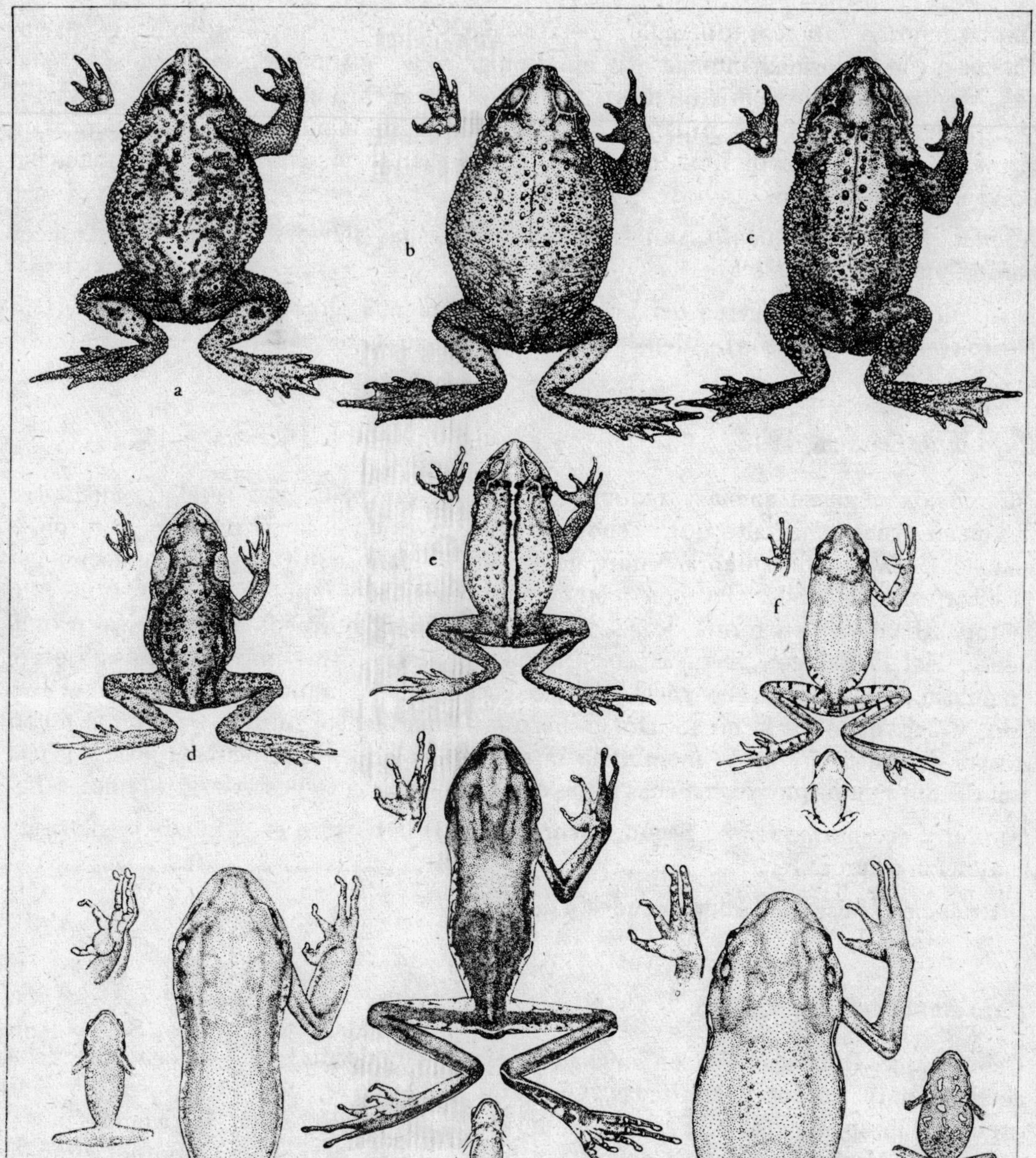

LAMINA X. a) *Bufo granulosus major*. b) *Bufo granulosus fernandezae*. c) *Bufo granulosus dorbignyi*. d) *Bufo gnustae*. e) *Bufo crucifer*. f) *Phyllomedusa hypochondrialis*. g) *Phyllomedusa pailona*. h) *Phyllomedusa iheringi*. i) *Phyllomedusa sauvagei*. (e: 1/3 tamaño natural; a-i: 3/4 tamaño natural.)

amplio reborde cutáneo; tubérculos metatarsales y subarticulares desarrollados. Macho con pequeña callosidad nupcial gris en el pulgar. Piel glandular con verrugas achatadas. Vientre liso. Dorso gris oscuro o marrón con manchas negras rodeando las verrugas rojizas. Vientre blanco brillante con reticulado negro. Manchas circulares blancas en la piel plegada de la superficie inferior de los muslos. Juvenil con reticulado y manchado ventral desvanecido.

Habitat y comportamiento: En laderas cordilleranas lluviosas. Debajo de troncos caídos, piedras u hojarasca.

Distribución: Chubut (cerca del Lago Futa Laufquen, Lago Puelo y El Hoyo) y Río Negro (cerca de El Bolsón). Además en el bosque austral chileno.

Bufo rufus Garman, 1876. 100 mm

Descripción: Cabeza ancha y redondeada. Hocico corto. Crestas cefálicas medianas. Tímpano visible, más alto que ancho. Pequeña cresta en el labio superior. Parotoides alargadas. Macho con antebrazo muy desarrollado. Mano con tubérculos metacarpales y subarticulares débiles. Pie con membrana interdigital y reborde cutáneo; tubérculo metatarsal interno en forma de azada, el externo muy borroso. Pliegue tarsal prominente. Piel dorsal con verrugas cornificadas romas, y otras más pequeñas. Vientre granuloso. Macho con saco vocal externo y callosidades nupciales oscuras en el 1er. 2do. y 3er. dedo de la mano. Dorso marrón o amarillento, rojizo o rojo en la mitad trasera del cuerpo y en la membrana interdigital. Mancha interocular rojiza. Vientre amarillento con pequeñas manchas grises en el vientre y parte posterior del fémur.

Habitat y comportamiento: Según Cochran (1955) la postura se extiende bien pasada la estación calurosa.

Distribución: Misiones. Además sudeste de Brasil.

Bufo paracnemis Lutz, 1925. 210 mm

Descripción: Robusto. Cabeza ancha. Hocico redondeado, casi triangular. Crestas cefálicas muy fuertes y abultadas. Ojo mediano, con un pliegue sobre el párpado superior. Tímpano visible. Parotoides muy grandes y abultadas, aguzándose posteriormente. Machos con patas delanteras desarrolladas. Mano con reborde cutáneo; tubérculos metacarpales desarrollados; los subarticulares semidivididos. Pie con membrana interdigital hasta 1/3 y reborde cutáneo; tubérculo metatarsal interno en forma de azada, el externo redondeado. Pliegue tarsal afilado. Piel dorsal áspera, con verrugas romas con puntas córneas. Vientre con gránulos poligonales con punta espinosa. Glándula paracnemis (tibia) grande. Macho con saco vocal externo poco visible y callosidades nupciales oscuras. Dorso amarronado o amarillento con manchas marrón oscuro brillante, transversales. Parotoides rodeadas por manchas oscuras alargadas. Manchas oscuras borrosas en extremidades. Vientre y garganta blancuzcos, densamente salpicados de oscuro.

Habitat y comportamiento: Reproducción: desde primavera temprana hasta verano tardío. Los huevos son puestos en largas ristras gelatinosas adheridas a plantas acuáticas.

Renacuajo: Dorso gris azulado. Vientre blancuzco. Aleta dorsal más clara, casi opaca. Cola levemente más larga que la mitad del largo total. Ojos grandes, prominentes. Fórmula dentaria 1,1-1/1-1,2.

Distribución: Desde Jujuy hasta Córdoba y Santa Fe, Corrientes, Entre Ríos y Misiones. Además en ambientes secos de Bolivia, Paraguay y Brasil hasta Pernambuco.

Bufo granulosus d'orbignyi Duméril y Bibron, 1841. Machos: 60 mm
Hembras: 70 mm

Descripción: Cabeza ancha. Hocico corto, redondeado, poco estrangulado detrás de las narinas. Afilada cresta supralabial. Crestas cefálicas muy desarrolladas, con bordes afilados y cornificados. Ojo grande; cresta supraocular muy reducida o ausente. Tímpano poco visible, oval. Parotoides pequeñas, subtriangulares, seguida por una hilera de tubérculos puntiagudos. Dedos de la mano con borde granulado y leve reborde cutáneo; tubérculo metacarpal interno alargado, el externo redondeado y más grande. Pie con membrana interdigital hasta la mitad, con borde dentado y que se extiende hasta la punta del 4to. dedo; tubérculo metatarsal interno oval, el externo ancho. Piel dorsal con tubérculos grandes, unos cónicos y otros convexos, la mayoría con punta córnea. Espacio interorbital con pocos gránulos. Vientre granuloso. Macho con saco vocal externo oscuro y callosidades nupciales negruzcas. Dorso verde amarillento con manchas entrelazadas. Tibia y tarso veteados de oscuro. Línea dorsal amarillenta. Vientre claro, a veces grisáceo en la parte posterior.

Habitat y comportamiento: En cuevas estrechas (40-60 cm). Es la subespecie más caminadora. Reproducción: de setiembre a marzo en lagunas temporarias.

Distribución: En Buenos Aires en la cuenca del Río Salado hasta el partido de Coronel Suárez al sudoeste y Mar del Plata hacia el este y no pasa más allá de la mitad de la provincia hacia el norte. Además Uruguay y sur de Brasil.

Bufo granulosus fernandezae Gallardo, 1957. Machos: 56-73 mm
Hembras: 65-80 mm

Descripción: Cabeza ancha. Hocico corto. Crestas cefálicas bien desarrolladas. Ojo prominente. Afilada cresta suborbital. Tímpano redondo, poco visible. Parotoides pequeñas, alargadas y con verrugas achatadas. Dedos de la mano con verrugas y leve reborde cutáneo; tubérculo metacarpal interno alargado, el externo grande y redondeado. Patas traseras cortas. Pie con membrana interdigital hasta la mitad, en el 4to. dedo hasta la punta y con borde dentado; tubérculos metatarsales fuertes y redondeados. Piel dorsal con tubérculos cónicos espinosos. Vientre granuloso. Macho con saco vocal externo y callosidades nupciales oscuras. Dorso verdoso o marrón amarillento con manchas irregulares oscuras difusas. Línea dorsal amarillenta, desde el hocico hasta la cloaca con un ensanchamiento interescapular. Vientre amarillo negruzco, más oscuro en el arranque de las extremidades.

Habitat y comportamiento: Reproducción: desde primavera tardía hasta marzo, en pantanos temporarios. Huevos en forma de cordones gelatinosos colocados en espiral, enredados en tallos de pastos semisumergidos. Se ocultan en cuevas cavadas con sus patas posteriores en el barro.

Renacuajo: Pardusco. Cola casi transparente, de extremo romo. Ojos dorsales. Hocico agudo. Fórmula dentaria 1,1-1/2.

Distribución: De la cuenca del Paraguay-Paraná-Plata desde el norte de Paraguay hasta la mitad norte de Buenos Aires, pasando por Corrientes, Santa Fe, Córdoba, Entre Ríos, Delta del Paraná, isla Martín García y La Pampa. Además en Uruguay.

Bufo granulosus major **Müller y Hellmich, 1936.** 55 mm

Descripción: Cabeza pequeña. Hocico destacado, abultado en la región nasal. Ojo prominente. Tímpano visible. Con crestas cefálicas granulosas, la supralabial afilada. Parotoides casi triangulares o redondeadas con verrugas en la punta. Patas cortas. Dedos de la mano con verrugas; tubérculo metacarpal interno pequeño y alargado, el externo grande y redondeado. Pie con membrana interdigital hasta la mitad y de borde dentado; tubérculo metatarsal interno oval, el externo más ancho; los subarticulares cónicos. Pliegue tarsal insinuado. Piel dorsal verrucosa. Vientre granuloso, con granulaciones mayores en la parte posterior y superficie inferior de los muslos. Macho con saco vocal externo marcado con un pliegue, amarillo en el centro de la garganta azulado oscuro y callosidades nupciales oscuras. Dorso marrón claro con manchas marrón oscuras que forman un reticulado. Crestas cefálicas marrón oscuro o rojizo. Tibia y tarso veteados de marrón oscuro. Vientre amarillo claro.

Habitat y comportamiento: Reproducción: en primavera tardía y verano.

Renacuajo: Similar al de *B. g. fernandezae.*

Distribución: En la región chaqueña hasta Santa Fe. Además en Paraguay y Bolivia.

Bufo crucifer **Wied-Neuwied, 1821.** 60-80 mm

Descripción: Dorso aplanado. Cabeza subtriangular. Hocico truncado. Crestas cefálicas lisas y poco marcadas. Tímpano grande, visible. Parotoides achatadas y cónicas. Patas largas y delgadas. Mano con leve reborde cutáneo; tubérculos metacarpales redondeados; los subarticulares semidivididos. Pie con membrana interdigital menos de 1/3, con grueso reborde cutáneo; tubérculo metatarsal interno alargado, el externo pequeño. Tubérculos subarticulares cónicos. Pliegue tarsal granuloso. Piel dorsal con pocos gránulos, con dos hileras de verrugas glandulares a lo largo de la línea vertebral clara bordeada de negro, y una hilera en línea dorsolateral detrás de las parotoides. Vientre muy granular. Macho con saco vocal oscuro y callosidades nupciales pálidas. Dorso amarronado o rojizo con manchas oscuras simétricas, a veces unidas, a lo largo de la línea vertebral clara. Angosta línea marrón debajo del pliegue supratimpánico. Vientre amarillento con pequeñas manchas en la parte anterior.

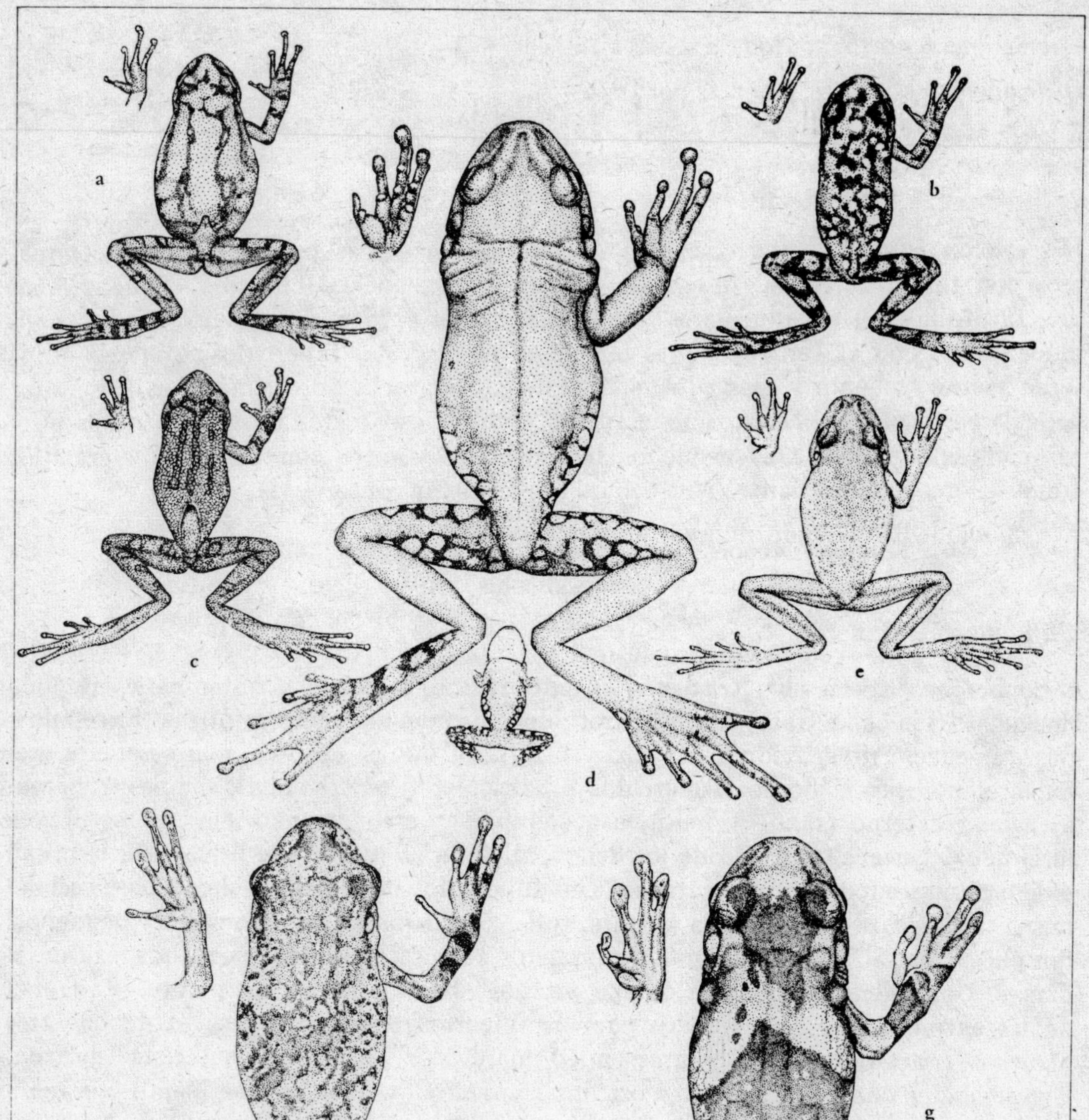

LAMINA XI. a) *Gastrotheca christiani.* b) *Gastrotheca chrysosticta.* c) *Gastrotheca gracilis.* d) *Argenteohyla siemersi.* e) *Aplastodiscus perviridis.* f) *Osteocephalus langsdorffi.* g) *Phrynohyas venulosa.* (a-g: 3/4 tamaño natural.)

Habitat y comportamiento: En selvas húmedas.

Distribución: Misiones. Además nordeste y sudeste de Brasil.

Bufo gnustae Gallardo, 1967. 41 mm

Descripción: Cabeza triangular. Sin cresta supraorbital y parietal, la orbitotimpánica con filo y la rostral internasal de borde muy ancho. Tímpano pequeño, visible. Parotoides casi rectangulares, sin granulaciones pero con pequeños puntos hundidos. Mano con el 1er. dedo más largo que el 2do.; dos tubérculos palmares, el interno menor, saliente y alargado, el externo mayor, achatado y más corto; los subarticulares pequeños. Dorso con gránulos grandes esparcidos (con una o más puntas cónicas), y otros más pequeños intercalados. Vientre con abundantes gránulos romos. Dorso marrón claro. Vientre claro (en ejemplar conservado).

Distribución: Río Grande, Jujuy.

Bufo quechua Gallardo, 1961. 50-72 mm

Descripción: Cabeza algo triangular. Canto rostral marcado. Crestas cefálicas poco marcadas. Tímpano poco visible. Parotoides aproximadamente elípticas. Extremidades alargadas. Primer dedo de la mano más largo que el segundo, con pequeños gránulos cónicos en el borde. Tubérculos subarticulares generalmente simples; tubérculo palmar externo grande y redondeado, el interno más pequeño. Pie con membrana interdigital hasta el extremo de los dedos, salvo en el cuarto que llega hasta la mitad y se prolonga como reborde cutáneo. Dos tubérculos metatarsales alargados y casi del mismo tamaño, el externo más saliente; tubérculos subarticulares simples y pequeños. Sin pliegue tarsal. Dorso con gránulos grandes espaciados y otros pequeños más abundantes. Una hilera de gránulos que se prolonga hacia atrás de las parotoides. Dorso de las extremidades con gránulos cónicos. Vientre granuloso. Dorso pardo con tres manchas triangulares más oscuras, poco marcadas. Línea vertebral clara, delgada. Extremidades con anchas bandas oscuras transversales. Vientre amarillento con manchas oscuras irregulares.

Habitat: Yungas, selvas de montaña.

Distribución: Recientemente citado para el norte de Salta (Barrio y Barrio, 1987). Además en Cochabamba, Bolivia.

Género *Melanophryniscus* Gallardo, 1961.

Pequeños. Aspecto de *Bufo.* Sin glándulas parotoides. Pupila circular. Sin dientes. Coloración aposemática. Piel granulosa. Sin placas óseas dérmicas en cráneo ni dorso. Extremidades cortas. Dedos de la mano con membrana interdigital basal; más desarrollada en el pie. Cóndilos occipitales separados entre sí. Apófisis transversas sacrales dilatadas. Cintura escapular con precoracoides y clavículas horizontales. Sin omosternón. Estilo esternal y xifisternón cartilaginoso.

Tres especies citadas para la Argentina.

Melanophryniscus rubriventris (Vellard, 1947). 38-45 mm

Descripción: Cuerpo alargado, delgado. Cabeza pequeña. Hocico alargado. Tímpano oculto. Pata anterior delgada; tubérculos metacarpales diferenciados, el externo grande. Pie con membrana interdigital hasta 1/3 y reborde cutáneo; tubérculos metatarsales redondeados; los subarticulares cónicos. Piel dorsal áspera, con verrugas glandulares romas y redondeadas, más notorias en flancos y extremidades. Región postorbital fuertemente granular. Vientre áspero, glandular. Macho con callosidades nupciales marrones, lisas. Dorso negruzco con dos grandes manchas amarillas en los "hombros" y además otras más pequeñas. Vientre rojo, con palmas y plantas negras. En la subespecie *M. r. subconcolor* el negro del dorso es más extendido y sin manchas amarillas, y el vientre negruzco con pequeñas manchas rojas; en *M. r. toldosensis* con dorso oscuro uniforme y vientre rojo brillante.

Habitat y comportamiento: En los valles subtropicales del este del país.

Distribución: M. r. rubriventris y *M. r. subconcolor* en Jujuy y *M. r. toldosensis* en Salta. Hasta los 1.800 m s.n.m.

Melanophryniscus stelzneri (Weyenberg, 1875). 25-30 mm

Descripción: Pequeño y robusto. Cabeza pequeña. Hocico corto. Tímpano oculto. Pata anterior corta. Mano con tubérculos metacarpales notorios; los subarticulares semidivididos. Pie con membrana interdigital hasta 1/3; tubérculos metatarsales cónicos. Dorso granuloso, con pocas verrúgas achatadas. Extremidades con hileras de verrugas cónicas. Vientre granuloso. Macho con callosidades nupciales marrones. Dorso y extremidades negro u oscuro con manchas amarillas. Vientre negro con manchas rojas. Palmas y plantas rojas. La subespecie *M. s. montevidensis* con dorso negro, sin manchas y con pocas manchas rojas grandes en el vientre; *M. s. spegazzini* con pocas manchas en el dorso y vientre pero con una gran mancha en la parte posterior de los muslos; *M. s. stelzneri* con manchas medianas en dorso y vientre y dos más grandes sobre los "hombros"; *M. s. fulvoguttatus* muy manchado en ambas superficies.

Habitat y comportamiento: Diurnos. Malos nadadores, no saltan. Se alimentan de artrópodos. Reproducción: de mediados de octubre a fines de verano, en arroyos serranos o pantanos temporarios. De desarrollo rápido. Huevos puestos en masas gelatinosas. El canto parece el trino de un ave.

Renacuajo: Fórmula dentaria 2/3.

Distribución: M. s. stelzneri en Sierras de Córdoba y San Luis; *M. s. fulvoguttatus* en Formosa, Chaco y Corrientes; *M. s. montevidensis* en Misiones, Santa Fe y Buenos Aires (Tandil, Sierra de la Ventana, Monte Hermoso), y *M. s. spegazzini* en Salta. Además *M. s. montevidensis* en Uruguay y sur de Brasil y *M. s. fulvoguttatus* en Paraguay.

Melanophryniscus tumifrons (Boulenger, 1905). 30 mm

Descripción: Pequeño y robusto. Cabeza grande. Hocico muy corto y muy abultado dorsalmente. Mano con leve reborde cutáneo; tubérculos subarticulares dobles. Pie con membrana interdigital hasta la mitad; tubérculos metatarsales notorios. Piel verrucosa, finamente espinosa; verrugas más grandes, cónicas, alrededor de la comisura bucal, punta de dedos, palmas y plantas, garganta, abdomen y muslos. Dorso pardo oscuro con diseños más oscuros y manchas amarillento pajizo indefinidas en la región escapular y laterales del hocico. Vientre negro con rojo en palmas y plantas, zonas axilares y parte posterior del abdomen e inferior de los muslos.

Distribución: Misiones. Además en Brasil, hasta Pernambuco.

Familia: *HYLIDAE*

1) Con 8 vértebras presacrales.
2) Atlas no fusionado a la segunda vértebra.
3) Sacro no fusionado al coxis.
4) Centrum vertebral procélico.
5) Disco intervertebral fusionado al centrum.
6) Cótilos del atlas ampliamente separados.
7) Cóndilos occipitales muy cercanos entre sí.
8) Diapófisis sacrales dilatadas en casi todos los géneros, cilíndrica en algunos Hylidos y otros géneros exóticos.
9) Sin proceso transverso en el coxis.
10) Sin costillas en adultos y subadultos.
11) Arcos neurales imbricados en casi todos los Phyllomedusinae, no imbricados en los Hylinae.
12) Cintura escapular arcífera.
13) Elementos prezonales presentes excepto en algunos géneros.
14) Elementos postzonales presentes.
15) Elementos zonales óseos.
16) Escápula no cubierta anteriormente por la clavícula.
17) Ilium con cresta dorsal y/o protuberancia dorsal.
18) Falanges con discos intercalares. Fórmula de las falanges de la mano: 3-3-4-4; del pie: 3-3-4-5-4. Falanges terminales generalmente terminadas en "uñas".
19) Astrágalo y calcáneo libres.
20) Parahioides no osificado.
21) Paraesfenoides con alas laterales.
22) Anillo cricoideo completo.
23) Maxila dentada excepto en un género exótico.
24) Cuadrado yugal generalmente ausente.
25) Músculo caudaliopuboisquiotibialis ausente.
26) Músculo sartorio diferenciado del músculo semitendinoso.
27) Músculo depresor mandibular originado de la fascia escamosa y de la dorsal.
28) Sin tendón accesorio del músculo gluteus magnus.
29) Músculo adductor magnus con cabeza accesoria.
30) Inserción del músculo semitendinoso ventral al músculo gracilis.
31) Pupila horizontal excepto en Phyllomedusinae y otro género exótico que tienen pupila vertical.
32) Lengua presente.
33) Sin órgano de Bidder.
34) Con tubérculo metatarsal externo en muchas especies, ausente en otras.
35) Amplexo axilar.
36) Larva acuática, excepto en *Gastrotheca.*
37) Con pico córneo y dentículos en hileras.
38) Espiráculo izquierdo.
39) Fórmula dentaria larval menor de 3/3.

Género *Phyllomedusa* Wagler, 1830.

Piel lisa o levemente rugosa. Glándulas parotoides generalmente prominentes. Pupila vertical. Dedos de manos y pies largos y con membrana interdigital, a veces muy reducida. Pequeños discos terminales en los dedos. Primer dedo del pie con frecuencia más largo que el segundo, oponible o no. Con o sin dientes vomerianos. Nasales pequeños. Con fontanela frontoparietal. Cuadrado yugal a menudo reducido.

Cuatro especies citadas para la Argentina.

Phyllomedusa iheringi Machos: 60-65 mm
Hembras: más de 75 mm

Descripción: Cuerpo delgado. Cabeza ojival. Ojos anterolaterales; pupila vertical. Tímpano visible. Glándulas parotoides cubren el ángulo posterior del párpado superior y a través del borde superior del tímpano hasta la región axilar. Dedos con discos terminales (mitad del diámetro timpánico). Tubérculos subarticulares medianos; tubérculos metacarpales no evidentes. Con pliegue antebraquial. Dedos del pie con membrana interdigital basal; tubérculos subarticulares romos; tubérculo metatarsal externo en forma de verruga aplanada; el externo no evidente. Piel dorsal lisa y porosa. Vientre granular, más liso en la superficie inferior que las extremidades. Macho con callosidad nupcial negra. Dorso verde brillante. Vientre amarillo con reflejos rojizos. Discos adhesivos amarillos; palmas y plantas rosadas. Banda anaranjada bordea los flancos desde la axila hasta la ingle y se continúa en las patas posteriores. Esta banda está bordeada dorsalmente por otra violácea brillante o marrón reticulada. Bandas similares en los brazos.

Habitat y comportamiento: Reproducción: fines de octubre a marzo. Ponen huevos en masas adheridas a hojas de plantas acuáticas.

Distribución: Misiones. Además sur de Brasil y Uruguay.

Phyllomedusa sauvagei Boulenger, 1882. 70 mm

Descripción: Cabeza alargada. Hocico corto. Ojo grande, lateral; pupila vertical. Tímpano visible. Glándulas parotoides notorias. Dedos de manos y pies con discos terminales. Mano con tubérculos subarticulares blandos y semidivididos; los metacarpales alargados. Con pliegue anterobraquial. Pie con membrana interdigital basal y reborde cutáneo, 1er. dedo oponible y más largo que el 2do.; tubérculo metatarsal interno notorio, el externo indistinguible. Piel dorsal lisa con escasas glándulas chatas. Vientre densamente glandular; granulaciones alargadas en la superficie inferior de los muslos. Dorso verde oscuro, igual que garganta y pecho, con hileras de manchas blanco brillante. Vientre, palmas, plantas y punta de los dedos blancuzcos. Manchas blancas en el párpado superior, flancos y extremidades.

Habitat y comportamiento: De movimientos lentos. En montes xerófilos bajos. Arborícolas y básicamente nocturnos; tolera sequías. Frecuenta lagunas temporarias.

La pareja hace un nido con hojas sobre el agua, donde deposita los huevos. La secreción cutánea tiene propiedades tóxicas.

Renacuajo: Cuerpo alargado y comprimido. Ojos dorsolaterales. Hocico truncado. Musculatura caudal robusta. Cola el doble del largo cabeza-tronco. Fórmula dentaria 1,1-1/1-1,2. Los recién metamorfoseados tienen muslos e ingle con rayas anaranjadas que luego desaparecen.

Distribución: Chaqueña, desde Jujuy hasta Santa Fe y Llanos de La Rioja y norte de Córdoba.

Phyllomedusa pailona Schreve, 1959. 60-70 mm

Descripción: Cabeza grande, más ancha que larga. Hocico redondeado. Ojos anterolaterales grandes; pupila vertical. Tímpano visible. Glándula parotoides extendida al párpado superior y región timpánica hasta el hombro. Dedos con discos adhesivos terminales (más de la mitad del diámetro timpánico). Mano con tubérculos subarticulares redondeados o semidivididos; tubérculo metacarpal interno notorio y tubérculos palmares supernumerarios. Con pliegue anterobraquial. Pie con membrana interdigital rudimentaria, con leve reborde cutáneo; tubérculos subarticulares fuertes; tubérculo metatarsal interno romo, el externo falta. Pliegue tarsal desarrollado. Piel dorsal y de la garganta lisas. Vientre densamente granular, con granulaciones mayores en la superficie inferior de los muslos. Dorso verde brillante. Vientre blancuzco bordeado por una banda blanca. Ojos y borde del párpado superior rojo brillante.

Habitat y comportamiento: En bosques subtropicales.

Distribución: Parcialmente simpátrico con *P. sauvagei.* Al este de Salta y Jujuy (Yuto, Ledesma, Río Pescado). Además en Bolivia (El Pailón).

Phyllomedusa hypochondrialis (Cope, 1862). 40 mm

Descripción: Cabeza ancha y grande. Hocico truncado. Ojos anterolaterales; pupila vertical. Tímpano pequeño. Glándula parotoides borrosa que bordea el tímpano. Dedos con discos adhesivos terminales (la mitad del diámetro ocular). Mano con tubérculos metacarpales no visibles. Con pliegue antebraquial borroso. Pie con el 1er. dedo oponible y mayor que el 2do.; tubérculos metatarsales no evidentes. Piel dorsal porosa y levemente granular. Vientre granular; granulaciones mayores en la parte posterior de los muslos. Macho con callosidades nupciales pardas. Dorso verde. Vientre blancuzco. Banda ancha anaranjada en flancos y en los bordes plegados de las patas, con bandas oscuras transversales.

Habitat y comportamiento: Frecuente en Bromeliáceas. Se reproducen en lagunas temporarias. Hacen nidos con hojas de plantas acuáticas.

Renacuajo: Cuerpo ovoide, alargado. Cabeza redondeada. Narinas dorsales. Ojos laterales, grandes y oscuros. Tronco con vermiculaciones oscuras. Aleta caudal ensanchada ventralmente. Cola y cuerpo con manchas oscuras uniformes. Fórmula dentaria 1,1-1/1-1,1.

Distribución: Chaqueño. Salta, este de Jujuy, Formosa, Chaco, norte de Santiago del Estero, Santa Fe y Corrientes. Además Bolivia y Paraguay.

Género *Gastrotheca* Fitzinger, 1843.

Pequeños a medianos. Hembras con saco incubatorio dorsal; en los machos es rudimentario. Dedos de la mano con membrana interdigital poco desarrollada. Pupila horizontal. Tímpano pequeño. Omosternón cartilaginoso. Esternón con placa cartilaginosa. Diapófisis sacral medianamente dilatada.

Tres especies citadas para la Argentina (zonas serranas del noroeste).

Gastrotheca gracilis Laurent, 1969. Machos: 37 mm
Hembras: 48 mm

Descripción: Cabeza ancha. Hocico redondeado. Ojos anterodorsales; pupila horizontal. Tímpano pequeño; pliegue supratimpánico granuloso. Dedos con discos adhesivos terminales. Mano con tubérculos subarticulares redondeados; los metacarpales romos. Pie con membrana interdigital basal; tubérculo metatarsal interno acuminado, el externo redondeado y pequeño. Piel dorsal lisa, con pequeños tubérculos. Vientre granuloso, con granulaciones más pequeñas en la garganta. Hembras con saco vocal incubatorio dorsal, en los machos es rudimentario. Dorso grisáceo con líneas o manchas verdes que forman un reticulado. Mancha interocular en forma de T unida a la línea vertebral. Banda oscura desde el extremo del hocico hasta el hombro. Extremidades con bandas oscuras transversales. Vientre blancuzco salpicado de oscuro.

Habitat y comportamiento: Las hembras transportan huevos y embriones que luego son expulsados al agua. Al salir los renacuajos se adhieren a la piel de la hembra. Los adultos son arborícolas, se refugian en huecos de árboles o en sus copas. Los machos cantan de setiembre a noviembre.

Distribución: Montañas de Aconquija entre Tucumán y Catamarca (1.500 m y 2.000 m s.n.m.).

Gastrotheca christiani Laurent, 1967. Machos: 30-34 mm
Hembras: 40 mm

Descripción: Cabeza ancha. Hocico redondeado. Ojos anterodorsales; pupila horizontal. Tímpano pequeño, visible; pliegue supratimpánico granuloso. Dedos largos, con discos terminales y membrana interdigital basal. Mano con tubérculos subarticulares y supernumerarios grandes y redondeados. Pie con tubérculo metatarsal interno alargado, el externo pequeño y cónico. Piel dorsal con tubérculos ovoides longitudinales.

Vientre ligeramente granular. Hembra con saco incubatorio dorsal. Dorso marrón o grisáceo con manchas grandes. Mancha interocular en forma de T o una barra transversal. Banda lateral oscura desde la narina hasta la ingle, a veces con vermiculaciones claras. Vientre blancuzco con pequeñas manchas marrones, más numerosas en garganta y pecho.

Habitat y comportamiento: Ponen pocos huevos. Los renacuajos completan su metamorfosis en la bolsa incubatriz materna. Los adultos se hallan bajo piedras y grietas, algunos juveniles en huecos de árboles.

Distribución: Sierras de Calilegua, Jujuy (hasta 1.700 m s.n.m.).

Gastrotheca chrysosticta Laurent, 1976. 38 mm

Descripción: Cabeza ancha. Hocico más o menos truncado. Pupila horizontal. Tímpano pequeño, redondo; pliegue supratimpánico poco marcado. Dedos con discos adhesivos pequeños. Mano con tubérculos subarticulares medianos y tubérculos supernumerarios. Pie con membrana interdigital poco desarrollada; tubérculo metatarsal interno alargado, el externo redondo; tubérculos subarticulares subcónicos. Piel dorsal finamente granulosa, con verrugas redondeadas. Vientre de aspecto pavimentoso. Hembra con saco incubatorio dorsal. Dorso pardo claro con manchas oscuras irregulares, que en general coinciden con tubérculos, y manchitas redondas amarillo brillante. Flancos grisáceos con manchas oscuras irregulares. Extremidades con bandas oscuras transversales. Vientre blancuzco con manchas pardas.

Distribución: Serranías del Porongal, Salta (1.500 m s.n.m.).

Género *Prhynohyas* Fitzinger, 1843.

Cabeza ancha. Piel dorsal granulosa. Parotoides notables en la región occipital y escapular. Con membrana interdigital desarrollada. Discos terminales de los dedos grandes. Machos con dos sacos vocales externos ubicados detrás de las comisuras bucales. Dientes vomerianos en dos placas salientes. Huesos palatinos medianos, separados entre sí. Huesos nasales anchos que cubren la parte anterior del esfenoetmoides y no articula con los maxilares. Fontanela frontoparietal cubierta por la articulación media de los frontoparietales. Etmoides osificado. Cráneo ancho con techo dermal osificado.

Una especie citada para la Argentina.

Phrynohyas venulosa (Laurenti, 1768). Machos: 100 mm
Hembras: 114 mm

Descripción: Cabeza grande, ancha. Hocico redondeado. Ojos grandes. Tímpano visible; pliegue supratimpánico glandular. Dedos con discos terminales grandes. Mano con membrana interdigital basal; tubérculos subarticulares cónicos y dobles; el metacarpal interno redondeado, el externo indiferenciado. Parotoides anchas, desde el párpado superior a la axila. Pie con membrana interdigital hasta 3/4; tubérculos subarticulares cónicos; el metatarsal interno alargado, el externo redondeado. Piel dorsal muy glandular. Vientre granuloso. Macho con dos sacos vocales externos laterales y callosidades nupciales cornificadas. Dorso amarronado o amarillento con fajas o grandes manchas oscuras o jaspeado, muy contrastado. Vientre blancuzco.

Habitat y comportamiento: Se reproducen con las grandes lluvias. Los machos cantan flotando en el agua. Amplexo axilar. Ponen huevos en grandes masas que flotan en la superficie. Las glándulas cutáneas segregan una sustancia tóxica.

Renacuajo: Cuerpo robusto. Hocico redondeado. Ojos laterales. Narinas ventrolaterales. Musculatura caudal delgada. Aleta dorsal parcialmente extendida sobre el dorso. Fórmula dentaria 1,1-1/1-1,3.

Distribución: Jujuy, Salta, Formosa, Chaco, Corrientes, Entre Ríos y Misiones. Además al norte hasta Méjico.

Género *Aplastodiscus* A. Lutz, 1950.

Manos cortas. Pies largos. Dedos finos con discos estrechos. Primer dedo de la mano ligeramente oponible. Membranas interdigitales reducidas. Falanges poco osificadas. Poco trepador.

Una especie citada para la Argentina (Misiones).

Aplastodiscus perviridis A. Lutz, 1950 — 40-45 mm

Descripción: Robusto. Cabeza ancha. Hocico redondeado. Ojos anterolaterales. Tímpano oculto; pliegue supratimpánico hasta la axila. Dedos de la mano con discos en forma de uña, con membrana interdigital basal y reborde cutáneo; tubérculos subarticulares borrosos; tubérculo metacarpal interno desarrollado, el externo indistinguible. Dedos del pie con discos terminales, membrana interdigital basal y reborde cutáneo; tubérculo metatarsal interno afilado, el externo no notable. Piel dorsal lisa. Vientre algo granular. Dorso verde uniforme brillante, igual en garganta y pecho. Abdomen blancuzco. Macho con saco vocal medio.

Habitat y comportamiento: De selvas. Trepadora, observada sobre cañas. Canto metálico.

Renacuajo: Cuerpo ovoide, ligeramente deprimido. Cola relativamente angosta, alta. Musculatura caudal robusta. Ojos laterales. Narinas dorsales. Dorso castaño oscuro uniforme. Vientre transparente. Manchas plateadas sobre la cámara branquial y lados del abdomen. Cola más clara en la mitad anterior y oscura en la posterior. Aletas con manchas oscuras y borde vermellón.

Distribución: Misiones. Además sierras del sur de Brasil.

Género *Argenteohyla* Trueb, 1970.

Piel dorsal lisa, ventralmente densamente granuloso. Membrana interdigital muy reducida. Discos adhesivos de los dedos medianos. Pliegues cantales cóncavos. Macho con un par de sacos vocales posteriores. Dientes vomerianos en líneas transversales. Sin hueso prenasal ni internasal. Con huesos palatinos. Pterigoideo sin articulación ósea con la cápsula ósea. Huesos del cráneo con ornamentaciones vermiformes.

Una especie citada para la Argentina (norte de Buenos Aires y Mesopotamia).

Argenteohyla siemersi (Mertens, 1937). 70 mm

Descripción: Cabeza grande, aplanada y con pliegues. Hocico redondeado. Ojo grande, anterolateral. Tímpano visible; pliegue supratimpánico grueso. Discos adhesivos medianos. Mano con membrana interdigital basal; tubérculo metacarpal interno alargado, el externo poco notorio. Pie con membrana interdigital hasta 3/4; tubérculos subarticulares redondos; metatarsal interno algo prominente, el externo indiferenciado. Piel dorsal lisa, excepto la cabeza. Vientre densamente granular. Macho con sacos vocales pares y posteriores. Dorso castaño o bronceado oliva con líneas longitudinales poco marcadas. Flancos rojos brillante con reticulado negruzco desde la axila a la ingle. Vientre azul violáceo, más oscuro en manos y pies.

Habitat y comportamiento: Asociado a *Eryngium* sp., cerca de pantanos litorales. Reproducción: en verano, en épocas de lluvia.

Distribución: Delta del Paraná (islas) y norte de Buenos Aires, Entre Ríos, Corrientes y Misiones. Además Uruguay hasta la frontera con Brasil.

Género *Hyla* Laurenti, 1768.

De grandes a pequeñas. Pupila horizontal. Piel de la cabeza no co-osificada con el cráneo. Tímpano generalmente bien visible. Dedos terminados en discos adhesivos. Con dientes premaxilares, maxilares y vomerianos. Diapófisis sacrales generalmente dilatadas. Cuadrado yugal generalmente bien desarrollado. Cintura escapular arcífera. Omosternón cartilaginoso. Falanges terminadas en forma curvada.

Doce especies citadas para la Argentina.

Hyla faber Wied-Neuwied, 1821. 87-100 mm

Descripción: Grande. Cabeza ancha, achatada. Hocico redondeado. Ojos grandes, anterolaterales. Tímpano visible; pliegue supratimpánico curvo. Dedos con discos terminales adhesivos, grandes. Dedos de la mano con membrana interdigital hasta 1/3; tubérculos metacarpales y subarticulares poco notorios. Macho con prolongación curva ósea en forma de espolón (polex) cerca de la base del 1er. dedo. Pie con membrana interdigital hasta 1/2; tubérculos subarticulares cónicos; tubérculo metatarsal interno

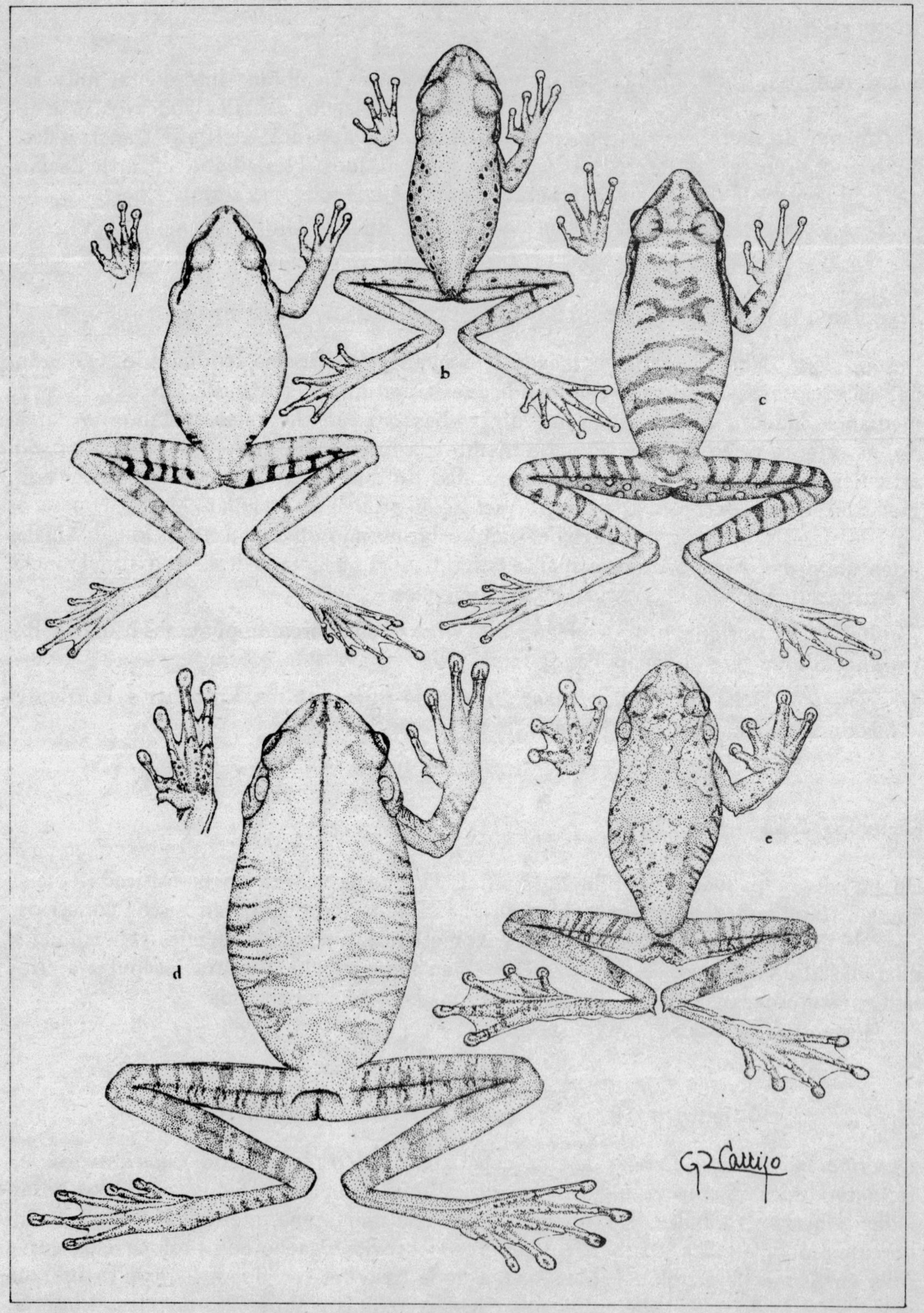

LAMINA XII. a) *Hyla raniceps.* b) *Hyla claresignata.* c) *Hyla albopunctata.* d) *Hyla faber.* e) *Hyla pardalis.* **(a-e: 3/4 tamaño natural.)**

oval, el externo no notable. Cadena glandular a lo largo del borde interno del tarso. Piel relativamente lisa, con cadenas angostas glandulares que se unen entre sí. Cadena glandular comisural. Vientre densamente granular; garganta y tórax con granulación más fina. Macho con saco vocal medio. Dorso blancuzco o gris verdoso con algunas manchas grandes borrosas que forman líneas transversales hacia los flancos. Línea oscura media dorsal desde el hocico y que luego desaparece en el dorso. Bandas oscuras transversales en las extremidades. Talones y región cloacal claros con manchas marrones. Vientre ocráceo. Garganta más oscura en el macho.

Habitat y comportamiento: Nombre vulgar: herrero, su canto semeja a martillazos sobre metal. Los machos construyen nidos con paredes de barro en orillas de lagunas poco profundas. Se observan luchas territoriales.

Renacuajo: Ovoide, levemente achatado. Cola corta con musculatura ancha y aletas altas, terminada en punta. Narinas y ojos dorsales. Dorso oscuro. Cola con manchas redondas grandes. Fórmula dentaria 1,1-1/1-1,3.

Distribución: Misiones. Además sur de Brasil y Paraguay.

Hyla pardalis Spix, 1824. Machos: 61-63 mm
Hembras: 70 mm

Descripción: Grande y robusto. Cabeza ancha. Hocico ancho y corto. Ojo grande. Tímpano grande, visible; pliegue supratimpánico curvo. Dedos con discos adhesivos dilatados. Mano con membrana interdigital hasta la punta de los dedos; tubérculos subarticulares cónicos. Grueso pliegue glandular dentado en el borde externo del antebrazo y mano. Macho con polex en el 1er. dedo. Pie con membrana interdigital hasta 3/4; tubérculos subarticulares redondeados; tubérculo metatarsal interno oval, el externo ausente. Con grueso pliegue glandular del pie al talón, por el borde externo y luego por el interno. Apéndice dermal en codo y talón. Piel dorsal con granulaciones diminutas. Vientre densamente granular. Macho con saco vocal medio, externo. Dorso crema o grisáceo con manchas irregulares borrosas. Flancos con barras oscuras transversales. Extremidades con barras borrosas. Vientre crema.

Habitat y comportamiento: Hábiles trepadoras. Construyen nidos de barro pequeños.

Distribución: Misiones. Además Brasil.

Hyla albopunctata Spix, 1824. Machos: 55-66 mm
Hembras: 40-60 mm

Descripción: Delgado. Patas largas. Cuerpo alargado. Cabeza muy alargada. Hocico puntiagudo. Ojo prominente. Tímpano redondo, visible. Dedos con discos adhesivos. Mano con membrana interdigital basal; tubérculos subarticulares medianos. Macho con rudimento de polex. Pie con membrana interdigital hasta la mitad; tubérculos subarticulares medianos; tubérculo metatarsal interno notorio. Piel dorsal glandular. Pliegue glandular del ojo hasta la axila. Vientre granular en garganta y densamen-

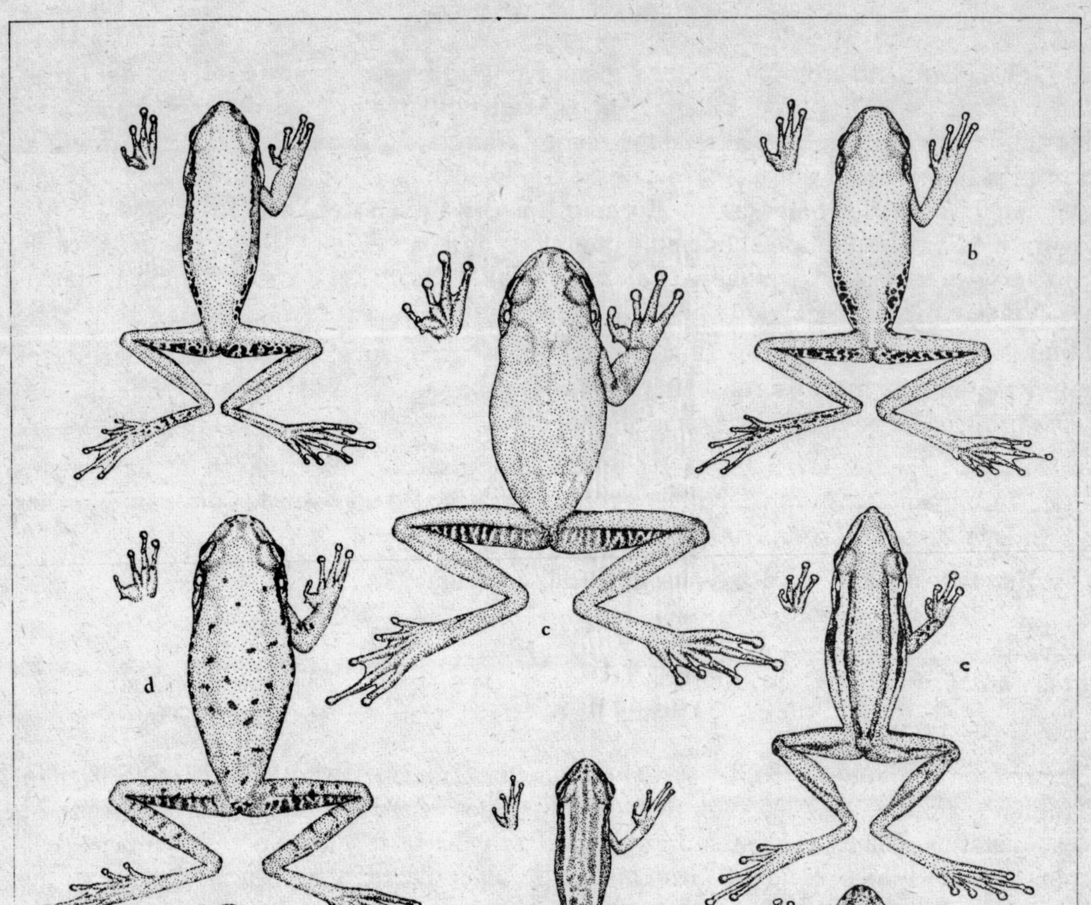

LAMINA XIII. a) *Hyla pulchella pulchella.* b) *Hyla pulchella cordobae.* c) *Hyla pulchella andina.* d) ***Hyla pulchella riojana.*** e) ***Hyla squalirostris.*** f) *Hyla punctata rubrolineata.* g) *Hyla polytaenia.* h) ***Ololygon (Hyla) acuminata.*** i) ***Ololygon (Hyla) fuscovaria.*** j) ***Ololygon (Hyla) X-signata eringiophyla.*** k) ***Ololygon (Hyla) X-signata nasica.*** (e,g: tamaño 2/3 aumentado; a-k: 3/4 tamaño natural.)

te granular en abdomen y superficie inferior de los muslos. Grueso pliegue torácico. Macho con saco vocal medio, externo. Dorso amarillo ocre o pardusco con rayas transversales irregulares gris oscuro, 3 ó 4 en la cabeza y 7 u 8 en el dorso, que se anastomosan. Dorso de las extremidades con rayas gris pálido. Superficie inferior de los muslos pardo violáceo con manchas blanco amarillentas bordeadas de negro. Línea marrón angosta de las narinas y que desaparece en los flancos. Línea amarilla en la región cloacal con una mancha más oscura. Vientre rosado en la garganta y amarillento en el abdomen.

Habitat y comportamiento: De espacios abiertos de selvas. Canta cerca del agua, en la vegetación baja.

Distribución: Misiones y zonas vecinas de Corrientes. Además planicie central de Brasil.

Hyla raniceps (Cope, 1862). 70-75 mm

Descripción: Cuerpo alargado. Delgado. Cabeza tan larga como ancha. Hocico puntiagudo. Ojo mediano. Tímpano visible; pliegue supratimpánico hasta el hombro. Dedos con discos adhesivos. Mano con membrana interdigital basal; cadena glandular en el antebrazo, poco destacada. Macho con rudimento de polex en el 1er. dedo. Pie con membrana interdigital hasta 3/4; tubérculo metatarsal interno oval, el externo falta; angosta cadena glandular en el borde interno del tarso y una más ancha en la parte externa. Piel dorsal con glándulas diminutas, más grandes entre los ojos. Glándula dorsolateral grande. Vientre con gránulos gruesos, más pequeños en la garganta. Tórax casi liso. Grueso pliegue cutáneo cruza el tórax y otro anterior a éste que termina en el saco vocal medio. Dorso gris pálido con veteado oscuro diluido y banda interocular transversal. Superficie inferior de los muslos con bandas transversas anchas, borrosas; en la superficie anterior bandas oscuras brillantes que se extienden hasta la ingle. Región posterior de los muslos con barras marrón oscuro que van hasta la región tibio tarsal, alternando con bandas azul pálido o violeta. Vientre oliva, blancuzco o verdoso; punteado desvanecido en garganta y tórax. Vientre sin manchas.

Habitat y comportamiento: De áreas subtropicales. Acuática. Frecuenta lagunas poco profundas con abundante vegetación baja. Los huevos color ceniza son puestos en masas gelatinosas.

Renacuajo: El desarrollo dura un mes. Cuerpo oval. Ojos dorsales con iris amarillo claro atravesado por dos bandas oscuras que cruzan el centro de la pupila. Dorso marrón amarillento. Vientre claro. Cola con manchas oscuras diluidas. Fórmula dentaria 2/1-1,2.

Distribución: Chaco y Corrientes. Además áreas tropicales de Brasil, Paraguay y este de Bolivia.

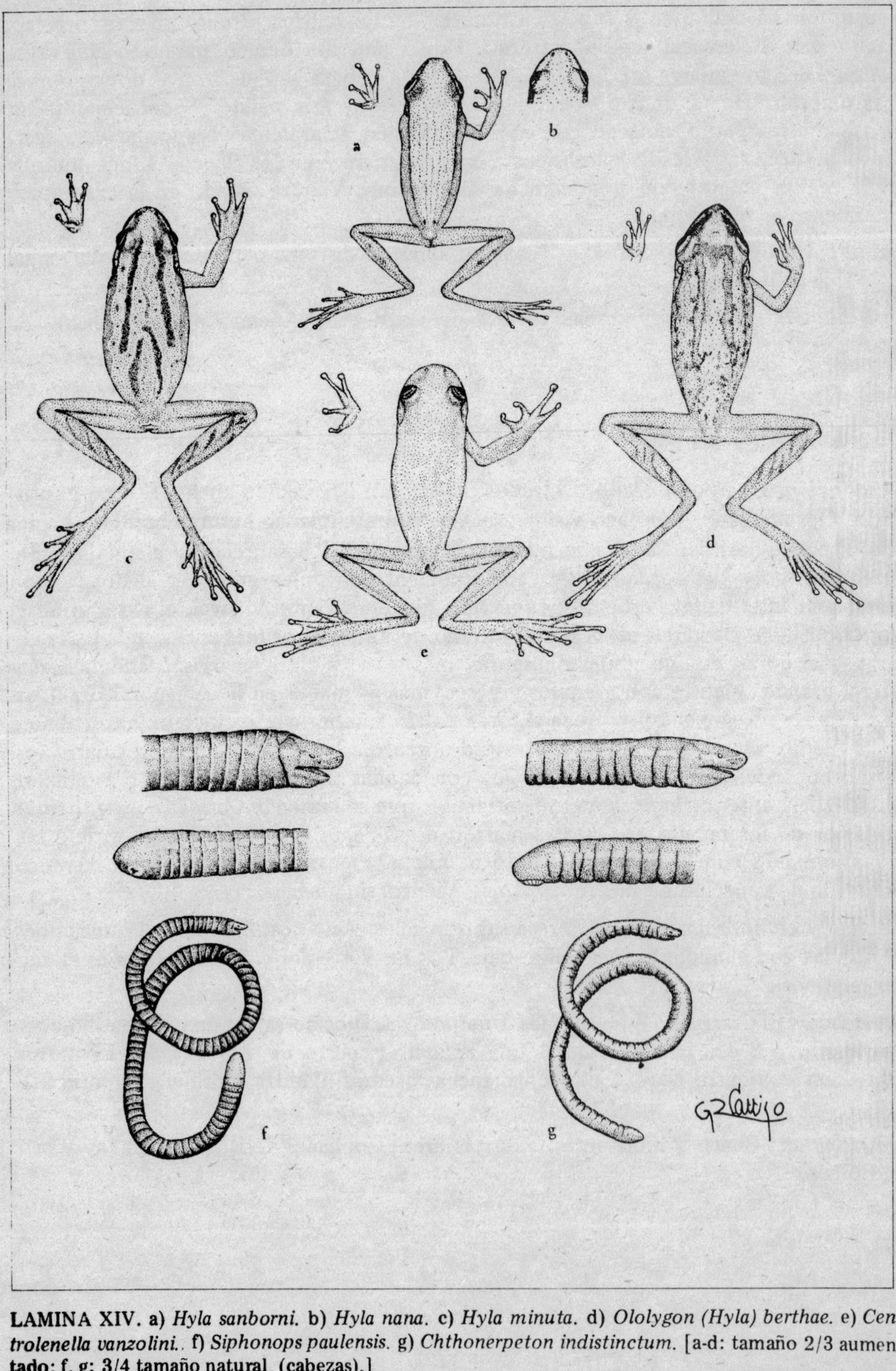

LAMINA XIV. a) *Hyla sanborni.* b) *Hyla nana.* c) *Hyla minuta.* d) *Ololygon (Hyla) berthae.* e) *Centrolenella vanzolini.*. f) *Siphonops paulensis.* g) *Chthonerpeton indistinctum.* [a-d: tamaño 2/3 aumentado; f, g: 3/4 tamaño natural (cabezas).]

Hyla claresignata Lutz y Lutz, 1939. Machos: 40 mm
Hembras: 60 mm

Descripción: Robusto. Hocico redondeado. Ojo grande. Tímpano pequeño, con una cadena glandular que lo rodea. Discos adhesivos en los dedos. Mano con membrana interdigital hasta 1/3; tubérculos subarticulares medianos. Machos con polex rudimentario. Pie con membrana interdigital hasta 3/4; tubérculo metatarsal interno notorio, el externo falta. Piel dorsal lisa. Vientre granuloso con garganta lisa. Macho con saco vocal amplio. Dorso amarillento con manchitas grises. Flancos y extremidades amarillo con manchas blancas con centro pardo oscuro.

Habitat y comportamiento: En Bromeliáceas entre cuyas hojas se refugia.

Renacuajo: De aguas rápidas. Cabeza ancha y alargada. Hocico largo. Ojos dorsales. Cola larga con banda oscura vertical y otra más angosta cerca de la punta. Tronco con manchas irregulares grises, esfumadas. Fórmula dentaria 7/11 ó 9/14.

Distribución: Misiones. Además Brasil hasta Río de Janeiro.

Hyla pulchella pulchella Duméril y Bibron, 1841. 37-50 mm

Descripción: Cabeza tan ancha como larga. Hocico corto. Ojo grande. Tímpano pequeño; pliegue supratimpánico notorio. Dedos con discos adhesivos. Mano con membrana interdigital basal; tubérculos subarticulares medianos. Macho con polex rudimentario. Pie con membrana interdigital hasta la mitad; tubérculo metatarsal interno pequeño, el externo falta. Pliegue tarsal notorio. Piel dorsal lisa con cadena glandular por detrás del tímpano. Líneas glandulares en antebrazos y tibias. Vientre granular. Macho con saco vocal medio. Dorso verde, grisáceo o amarronado, liso o con manchas oscuras diluidas. Línea blanca desde el párpado superior, se ensancha en los flancos y desaparece en la ingle. Banda amarronada que va desde el canto rostral, a través del ojo y tímpano hacia los flancos. Otra más corta y clara que comienza debajo del ojo, cubre el labio inferior y llega a la axila. Ingle, superficie anterior del fémur y axila con manchas oscuras redondeadas. Fémur posterior violeta claro o azul pálido con manchas negras. Vientre amarillento o blancuzco.

Habitat y comportamiento: En lagunas temporarias o semipermanentes. En ambientes de ceibos, juncos y serruchetas, también en pajonal de *Stipa* sp. También es frecuente hallarlas adheridas al tronco de un árbol y con la coloración que las hace pasar inadvertidas. Tienen un canto ocasional que suele producirse por un cambio de tiempo o al amanecer o atardecer, y otro de reproducción, persistente. Reproducción: en lugares de aguas permanentes a fines de agosto, noviembre y diciembre, y mediados de marzo hasta primeros días de mayo. Los huevos quedan sumergidos en el agua y adheridos a plantas acuáticas.

Renacuajo: De desarrollo lento. Muy nadadores. Dorso y flancos marrón con puntos más oscuros. Dos manchas blancas por detrás de los ojos. Ojos laterales, iris de fondo dorado con 4 manchas negras dispuestas en cruz. Vientre oscuro en la parte anterior y de color nacarado en la parte posterior. Aleta caudal muy desarrollada, con grandes manchas y de punta aguda. Fórmula dentaria 1,1-1/1-1,2.

Distribución: Misiones, Corrientes, Entre Ríos, Santa Fe, Buenos Aires (frecuente en las costas del Río de la Plata y Delta del Paraná), y norte de Río Negro.

Hyla pulchella cordobae Barrio, 1965. 39-50 mm

Descripción: Pliegue timpánico acentuado. Macho con polex de gran tamaño. Dorso pardo canela a verde, a veces con reflejos aureos. Si es grisáceo o canela se ve un fino manchado dorsal, reticulado con otras manchas mayores. Sin bandas en laterales y flancos, con una leve insinuación en el reborde timpánico.

Habitat y comportamiento: Canta en la orilla o parcialmente sumergido. Frecuenta arroyos serranos, de aguas rápidas.

Distribución: Sierras de Córdoba y San Luis.

Hyla pulchella riojana Koslowsky, 1895. 48-56 mm

Descripción: Robusto. Reborde timpánico muy conspicuo. Macho con polex de desarrollo considerable y con una espina larga e incurvada. Dorso verde claro hasta gris oscuro con manchas redondeadas amarillo oro sobre fondo verdoso. Sin bandas en flancos y extremidades.

Habitat y comportamiento: Canta al borde de arroyos de montaña, con el cuerpo semisumergido; a veces bajo piedras o flotando. Canto metálico y armonioso.

Distribución: La Rioja y Catamarca.

Hyla pulchella andina Müller, 1924. 47-60 mm

Descripción: Reborde timpánico muy notorio. Macho con polex muy desarrollado. Dorso verde amarillento a gris oscuro, más manchado a medida que se va oscureciendo. Con bandas laterales.

Habitat y comportamiento: Canta al borde de arroyos y ríos de montaña, parcialmente sumergido o fuera del agua.

Renacuajo: Ojos laterales. Vientre blanco o rosa levemente metalizado. Aleta alta. Cola con extremo agudo con moteado de manchas marrones sobre fondo transparente.

Distribución: Catamarca, Jujuy, Tucumán y Salta.

Hyla polytaenia Cope, 1870. 33-42 mm

Descripción: Cabeza tan larga como ancha. Hocico corto, redondeado. Ojos grandes. Tímpano visible; pliegue supratimpánico oblicuo. Dedos con discos adhesivos. Mano con membrana interdigital basal. Macho con polex rudimentario. Pie con membrana interdigital hasta la mitad; tubérculo metatarsal interno prominente, el externo falta. Pliegue tarsal notorio. Piel dorsal lisa; igual en garganta y tórax. Vientre granuloso. Macho con un saco vocal. Dorso pardo claro con 3 bandas longitudinales más oscuras, la central va del hocico a la cloaca; una banda similar, tibial; ambas con borde blanco. Vientre blancuzco con manchitas oscuras en ingle y muslos.

Habitat y comportamiento: Zonas montañosas selváticas. Pone numerosos huevos en masas gelatinosas, en remansos de arroyos de selva.

Renacuajo: Esqueleto larval verde (Lutz, 1973). Cuerpo ovoide, oliváceo. Dorso con manchas doradas. Vientre azul oscuro. Cola con bandas transversales oliváceas. Aleta dorsal continúa en el tronco, la inferior es recta. Fórmula dentaria 2/3.

Distribución: Misiones. Además sierras del sur de Brasil.

Hyla punctata rubrolineata Lutz, 1951. 30-35 mm

Descripción: Cuerpo oval, alargado. Cabeza tan ancha como larga. Hocico corto, puntiagudo. Ojo grande. Tímpano pequeño. Dedos con discos adhesivos. Mano con leve membrana interdigital y amplio reborde cutáneo. Macho con pollex vestigial en la base del 1er. dedo. Pie con membrana interdigital incompleta y amplio reborde cutáneo. Piel dorsal lisa y porosa. Línea glandular dorsolateral, del párpado superior al sacro. Vientre y superficie inferior de los muslos granulosa. Dorso verde claro con pequeñas manchas amarillas o rojo ladrillo. Borde rojizo en el párpado superior. Vientre verde azulado.

Habitat y comportamiento: En ambientes palustres. Canta junto a lagunas sobre tallos de Gramíneas y Ciperáceas.

Distribución: Formosa y Chaco. Además desde Matto Grosso hasta Santa Cruz, Bolivia.

Hyla squalirostris Lutz, 1925. 16-26 mm

Descripción: Cabeza larga. Hocico acuminado, muy sobresaliente. Ojos pequeños. Pliegue supratimpánico diferenciado. Dedos con discos adhesivos. Pie con membrana interdigital hasta la mitad; tubérculos metatarsales pequeños. Tarso con pliegue glandular. Piel dorsal lisa; vientre algo granuloso. Macho con saco vocal. Dorso pardo claro con dos bandas oscuras desde el ojo al sacro; dos bandas más gruesas y oscuras del hocico a la ingle; los dos pares de bandas están separadas por una banda dorsolateral muy clara. Extremidades con franjas longitudinales oscuras. Vientre amarillo verdoso en garganta y abdomen; rosado en pecho y extremidades. Saco vocal amarillo limón.

Habitat y comportamiento: En axilas de *Eryngium* sp. y otras plantas. Pone huevos pigmentados en plantas sumergidas. Reproducción: en zonas inundadas o periferia de lagunas, desde principios de agosto y noviembre. A fines de mayo se la halla hibernando bajo troncos.

Renacuajo: Cuerpo ovoide, amarronado. Cola con aletas amplias. Ojos grandes, laterales. Fórmula dentaria 1,1-1/1-1,2.

Distribución: Buenos Aires, Entre Ríos, Santa Fe, Corrientes, Chaco, Formosa y Misiones. Además Uruguay y sur de Brasil.

Género *Ololygon* Fitzinger, 1843.

Recientemente separado de *Hyla.* En general con hocico más prominente y piel granulosa. Los espermatozoides se diferencian por poseer dos filamentos en la cola en lugar de uno.

Cuatro especies citadas para la Argentina.

Ololygon (Hyla) acuminata (Cope, 1862). 45 mm

Descripción: Cuerpo oval. Cabeza achatada. Hocico ojival. Ojos grandes. Tímpano redondo, visible; pliegue supratimpánico marcado. Dedos con discos adhesivos anchos. Mano con reborde cutáneo; tubérculos subarticulares prominentes; tubérculo alargado en la base del 1er. dedo. Pie con amplia membrana interdigital y reborde cutáneo; tubérculo metatarsal interno mediano, el externo pequeño; los subarticulares prominentes. Piel dorsal áspera, más granulosa en los párpados. Vientre densamente granular. Un pliegue en la garganta y otro en el pecho. Macho con saco vocal amarronado. Dorso gris con patrón en X de líneas oscuras dorsolaterales. Mancha interocular oscura, triangular. Manchas sacrales. Extremidades con anchas bandas oblicuas que alternan con otras más angostas. Parte posterior de los muslos rojizo marmolado. Vientre blancuzco o amarillento.

Habitat y comportamiento: Generalmente en suelos húmedos de vegetación baja, en esteros.

Distribución: Misiones, Corrientes, norte de Entre Ríos, Santa Fe, Chaco y Formosa. Además Chaco Paraguayo y sur de Matto Grosso, Brasil.

Ololygon (Hyla) fuscovaria (Lutz, 1925). 41-44 mm

Descripción: Cabeza grande y aplanada. Hocico ojival, algo acuminado. Ojos grandes. Tímpano visible. Dedos con discos adhesivos. Tubérculos subarticulares de manos y pies cónicos. Macho sin polex. Pie con membrana interdigital hasta 2/3; tubérculo metatarsal interno cónico, el externo poco notorio. Tibia más robusta que el fémur. Piel dorsal levemente granular; más denso en garganta, tórax, vientre y parte posterior de los muslos. Macho con placas nupciales oscuras en el tórax y un saco vocal externo. Dorso amarronado con reticulado oscuro con puntos más claros. Banda angosta amarillenta en el borde del vientre y flancos. Región anterior y posterior de extremidades amarillo limón con reticulado gris. Vientre crema con manchas oscuras en la parte anterior, algo vináceo en garganta y extremidades.

Habitat y comportamiento: En el parque chaqueño. Arborícola.

Renacuajo: Cuerpo alargado y comprimido. Cola robusta. Ojos laterales. Dorso amarillo verdoso con reticulado en la cola. Fórmula dentaria 1,1-1/1-1,2.

Distribución: Misiones, Corrientes, Entre Ríos, Tucumán, Salta y oeste de Jujuy. Además sudeste de Brasil hasta Matto Grosso y chaco paraguayo y boliviano.

Ololygon (Hyla) X-signata nasica (Cope, 1862). 27-35 mm

Descripción: Cabeza aplanada. Hocico casi triangular. Ojo mediano, lateral. Tímpano circular, visible; pliegue supratimpánico oblicuo. Dedos con discos adhesivos. Mano con leve reborde cutáneo. Tubérculos subarticulares con manos y pies cónicos. Pie con amplia membrana interdigital y reborde cutáneo. Piel lisa en dorso, garganta y tórax. Densamente granular en vientre y superficie inferior de los muslos. Pliegue torácico marcado. Macho con saco vocal externo. Dorso gris amarillento u oliváceo con manchas o líneas diluidas. Una X interescapular, poco marcada. Vientre blancuzco con tinte rosado en las extremidades. Partes cubiertas en reposo y superficie inferior de los muslos amarillo limón con manchas oscuras.

Habitat y comportamiento: Muy adaptable, en la estación seca busca lugares húmedos. Su reproducción comienza con las lluvias. Huevos depositados en masas gelatinosas adheridas a plantas acuáticas.

Distribución: Salta, Jujuy, Tucumán, Chaco, Formosa, Santiago del Estero, Santa Fe y Entre Ríos. Simpátrica con *O. fuscovaria.* Además hasta Matto Grosso, Brasil.

Ololygon (Hyla) X-signata eriongiophila (Gallardo, 1961). 32-38 mm

Descripción: Cabeza aplanada. Hocico moderadamente alargado. Ojos grandes. Tímpano visible; pliegue supratimpánico marcado. Dedos con discos adhesivos. Mano con dedos libres. Pie con membrana interdigital hasta la mitad y reborde cutáneo; tubérculo metatarsal interno oval, el externo poco notorio. Dorso verrucoso, también en párpado superior y cabeza. Gránulos finos en la región gular, mayores en la pectoral y disminuyendo hacia el abdomen y parte ventral de los muslos. Con pliegue torácico. Dorso gris claro o amarronado, con mancha interocular oscura y manchas alargadas en forma de paréntesis. Reticulado anaranjado en la superficie posterior de los muslos. Vientre claro.

Habitat y comportamiento: Común entre hojas. Forma coros nocturnos. Reproducción en pantanos temporarios desde fines de octubre hasta febrero.

Renacuajo: Con una mancha dorsal longitudinal oscura y dos líneas dorsolaterales y laterales oscuras desde el hocico hasta el arranque de la cola. Membrana caudal con manchas oscuras y claras.

Distribución: Centro y norte de Buenos Aires. Además Uruguay y sur de Brasil.

Ololygon (Hyla) berthae (Barrio, 1962). 19-25 mm

Descripción: Cabeza más ancha que larga. Hocico alargado, en punta. Ojo grande, lateral. Tímpano redondo, visible; pliegue supratimpánico notorio. Dedos con discos adhesivos. Manos y pies con tubérculos subarticulares bien desarrollados. Pie con membrana interdigital que casi alcanza la falange distal; tubérculo metatarsal interno alargado, el externo redondeado. Piel dorsal granulosa, con cadena glandular timpánica. Vientre liso, con algunos gránulos en tórax, abdomen y parte inferior de los muslos. Dorso pardusco con manchas oscuras. Mancha interocular en forma de dos triángulos o de W. Dos líneas oscuras dorsolaterales a cada lado, una va desde atrás de los ojos hasta los flancos, la otra por el dorso y se extiende hasta la ingle. Extremidades con bandas oscuras transversales. Pliegue de la rodilla, ingle y zonas vecinas de abdomen, muslo y piernas con manchas irregulares amarillo anaranjado.

Habitat y comportamiento: En tallos de *Scirpus*, cerca de sitios húmedos y lagunas. En invierno se oculta en troncos. Reproducción: últimos días de setiembre a principios de diciembre. Deposita sus huevos pigmentados en tallos sumergidos. Canta por la noche, hasta la madrugada, y su canto recuerda al de ciertas langostas verdes.

Renacuajo: Marrón claro amarillento. Ojos laterales dorados, de amplia movilidad. Aleta con puntos oscuros, terminada en punta. Vientre plateado. Línea oscura lateral que va desde la boca y se introduce en la cola. Movimientos veloces y bruscos.

Distribución: Costa norte de Buenos Aires. Además sur y sudeste de Brasil.

Hyla minuta Peters, 1872 20-26 mm

Descripción: Hocico corto, redondeado. Tímpano oculto. Cresta glandular poco marcada sobre el tímpano, que termina en el hombro. Dedos con discos adhesivos. Mano con membrana interdigital basal. Pie con membrana interdigital hasta 3/4; tubérculo metatarsal interno notorio, el externo ausente. Piel dorsal con glándulas diminutas. Levemente glandular en garganta y tórax; densamente granular en vientre y superficie inferior de los muslos. Con pliegue torácico. Macho con saco vocal externo medio. Dorso amarillento, gris pálido o rosado pardusco. Patrón dorsal variable, a veces con dos bandas oscuras dorsales y dos laterales. Vientre blanco amarillento.

Habitat y comportamiento: Arborícola. Muy versátiles, viven desde el nivel del mar hasta los 1.000 metros. Se reproducen en aguas poco profundas de lagunas o arroyos. Ponen huevos pequeños, bicolores, en grupos en plantas sumergidas.

Renacuajo: Alargado. Cabeza ancha. Ojos y narinas laterales. Dorso y cola castaño oliváceo claro. Vientre claro manchado de castaño en la parte posterior. Cola romboidal, manchada de oscuro en los bordes. Boca frontal; fórmula dentaria 1/2.

Distribución: Misiones. Además sur de Brasil, Uruguay y Paraguay.

Hyla nana Boulenger, 1889.

Machos: 18-22 mm
Hembras: 20-22 mm

Descripción: Muy pequeña. Cuerpo alargado. Cabeza grande. Hocico triangular. Tímpano poco visible. Dedos con discos adhesivos. Mano con membrana interdigital basal. Pie con dedos cortos, con membrana interdigital hasta la mitad; tubérculo metatarsal interno alargado, el externo ausente. Piel dorsal lisa, también en garganta, tórax y superficie inferior de los muslos. Vientre y región postanal densamente granular. Grueso pliegue torácico. Macho con saco vocal externo plegado. Dorso color arcilla con bandas marrón oscuro a lo largo del cuerpo. Macho con garganta y muslos amarillos. Naranja brillante en las partes ocultas de las patas plegadas. Vientre blancuzco. A veces dorso liso o con líneas longitudinales sinuosas. Párpados superiores no traslúcidos.

Habitat y comportamiento: Canta entre la vegetación baja en el borde de lagunas y aguas estancadas. Huevos en racimos, adheridos a plantas sumergidas.

Renacuajo: Cuerpo angosto, alargado. Ojos laterales. Narinas ovales. Cola muy alta en la región central, se estrecha y termina en punta. Dorso rojizo brillante con banda oscura dorsal, y otras oscuras y claras quebradas por manchas redondas. Vientre blancuzco, con algunas manchas dispersas. Aleta castaño pálido con puntos oscuros y pálidos. Boca ventral.

Distribución: En la región chaqueña y probablemente en la litoral-mesopotámica (Basso, 1985) hasta el norte de Buenos Aires (Punta Lara, Los Talas). Además Bolivia, Paraguay y Brasil.

Hyla sanborni Schmidt, 1944.

Machos: 15-17 mm
Hembras: 18-21 mm

Descripción: Pequeña. Hocico redondeado. Tímpano algo más visible que *H. nana.* Color del dorso casi uniforme, de canela pálido a amarronado; más oscuro debajo de la línea que comienza en el canto rostral y llega a la ingle. Párpados superiores traslúcidos. Narinas más salientes que *H. nana.*

Habitat y comportamiento: En matas de *Eryngium, Juncus* o *Cyperus.* Reproducción: principios de noviembre. Masas de huevos adheridos a plantas. Canto nupcial monótono emitido cerca del agua.

Distribución: Buenos Aires (Punta Lara y Delta), Santa Fe, Entre Ríos, Corrientes y Misiones. Además Uruguay y Brasil. Simpátrica con *H. nana* en Buenos Aires y región litoral-mesopotámica.

Género *Osteocephalus* Steindachner, 1862.

Glándulas parotoides ausentes o poco desarrolladas. Piel dorsal de los machos con tubérculos; lisa en las hembras. Pupila horizontal. Tímpano grande. Dedos de la mano con membrana interdigital hasta 1/3 de su largo. Discos terminales grandes y redondos. Tubérculo metatarsal interno no modificado para cavar. Pliegue tarsal poco marcado o ausente. Macho con dos sacos vocales posteriores y con callosidades nupciales. Renacuajo con dos hileras superiores y cinco inferiores de bastoncillos córneos.

Una especie citada para la Argentina (Misiones).

Osteocephalus langsdorffi (Duméril y Bibron, 1841). Machos: 70 mm
Hembras: 90 mm

Descripción: Grande. Cuerpo alargado. Hocico mediano, redondeado. Ojos grandes, muy prominentes. Tímpano visible. Dedos con discos adhesivos. Mano con membrana interdigital hasta la mitad; surco profundo en la parte interna del 1er. dedo y reborde glandular a lo largo de la parte externa del 4to. dedo, que se extiende hasta el codo. Pie con membrana interdigital más de 3/4; 3ro. y 5to. dedos casi iguales; tubérculo metatarsal interno grande, oval, el externo muy pequeño. Pliegue tarsal externo aserrado. Piel dorsal glandular, con algunos tubérculos pequeños, mayores en sacro y tibia. Grueso pliegue glandular del ojo al tímpano. Garganta y tórax con gránulos diminutos. Vientre y superficie inferior de los muslos densamente granular. Macho con pliegue en la garganta que marca dos sacos vocales medios. Piel de los flancos tuberculada. Dorso marrón oliva o gris verdoso con patrones irregulares oscuros. Garganta y tórax blancos. Vientre y superficie inferior de los muslos naranja amarillento. Flancos gris azulado. Pliegues subanales blancos.

Renacuajo: Cuerpo marrón oscuro con líneas dorsolateral y ventral crema en la musculatura caudal.

Distribución: Misiones. Además sudeste de Brasil.

Familia *CENTROLENIDAE*

1) Con ocho vértebras presacrales.
2) Atlas no fusionado a la segunda vértebra.
3) Sacro no fusionado al coxis.
4) Centrum vertebral procélico.
5) Disco intervertebral fusionado al centrum.
6) Cótilos del atlas ampliamente separados.
7) Cóndilos occipitales ampliamente separados y pedunculados.
8) Diapófisis sacrales dilatadas.
9) Sin procesos transversos en el coxis.
10) Sin costillas en adultos y subadultos.
11) Arcos neurales no imbricados.
12) Cintura escapular arcífera. Sin omosternón. Con esternón.
13) Sin elementos prezonales; elementos postzonales presentes.
14) Elementos zonales óseos.
15) Escápula no cubierta anteriormente por la clavícula.
16) Ilium con cresta dorsal y/o protuberancia dorsal.
17) Falanges terminadas en T, con elementos intercalares. Fórmula de falanges de la mano 3-3-4-4, del pie 3-3-4-5-4.
18) Astrágalo y calcáneo fusionados.
19) Sin osificación parahioidea.
20) Paraesfenoides con alas laterales.
21) Anillo cricoideo completo.
22) Maxila y premaxila dentada.
23) Músculo caudaliopuboisquiotibialis ausente.
24) Músculo sartorio separado del músculo semitendinoso.
25) Sin tendón accesorio del músculo gluteus magnus.
26) Músculo adductor magnus con cabeza accesoria.
27) Inserción del músculo semitendinoso ventral al músculo gracilis.
28) Pupila horizontal.
29) Lengua presente.
30) Sin órgano de Bidder.
31) Tubérculo metatarsal externo presente.
32) Amplexo axilar.
33) Larva acuática.
34) Pico córneo y dentículos en hilera simple.
35) Espiráculo izquierdo.
36) Abertura cloacal media.
37) Fórmula dentaria larval menor de 3/3.

Género *Centrolenella* Noble, 1920.

Pequeño. Ojos grandes. Discos terminales en los dedos medianos. Dedos internos con membrana reducida. Ornamentaciones anales generalmente presentes. Por transparencia de la piel abdominal se ven los órganos internos (en vivo). Dientes vomerianos medianamente desarrollados o ausentes.

Una especie citada para la Argentina (Misiones).

Centrolenella uranoscopa (Taylor y Cochran, 1953). Machos: 20-25 mm
Hembras: 22,5-26 mm

Descripción: Pequeño. Cabeza ancha. Hocico en declive; labio superior con tubérculos blanquecinos. Ojos grandes, dorsolaterales; iris plateado. Tímpano visible. Dedos de la mano achatados, casi truncados y con discos terminales grandes; con membrana interdigital rudimentaria. Tubérculos subarticulares diferenciados; tubérculo metacarpal interno notorio; reborde del dedo externo que se continúa como un pliegue por el brazo. Pie con membrana interdigital más de 2/3; tubérculo metatarsal interno pequeño, el externo poco notorio. Pliegue tarsal externo que se continúa con el reborde externo del dedo y con tubérculos alargados. Piel dorsal lisa con tubérculos blancuzcos a los lados, también en cabeza y extremidades. Vientre granuloso. Región anal con un par de pliegues laterales. Dorso verde brillante con puntos blancos y plateados. Dedos amarillos o amarillo anaranjado. Vientre blancuzco transparente con mezcla de azules. Borde del párpado superior púrpura brillante.

Habitat y comportamiento: Generalmente en márgenes de arroyos de aguas rápidas. Se la halló cantando a 1-1,5 m del suelo, sobre hojas de arbustos. Su canto es muy similar al de *Hyla nana.*

Renacuajo: Cuerpo algo deprimido. Ojos dorsales. Narinas pequeñas. Musculatura caudal desarrollada. En especímenes conservados: color claro con pigmentos irregularmente dispuestos, más denso dorsalmente. Vientre sin pigmentos.

Distribución: Arroyo Moncholito, cerca de Manuel Belgrano, San Antonio, Misiones. Un ejemplar clasificado como *C. vanzolinnii* de Puerto Vilela, Depto. San Fernando, Chaco (Contreras, 1982) del cual falta confirmación. Además Brasil (Sao Pablo).

Familia: *MICROHYLIDAE*

1) Con 8 vértebras presacrales.
2) Atlas no fusionado a la segunda vértebra.
3) Sacro no fusionado al coxis.
4) Centrum vertebral procélico.
5) Disco intervertebral no fusionado al centrum.
6) Cótilos del atlas ampliamente separados.
7) Diapófisis sacrales ampliamente dilatadas.
8) Sin procesos transversos en el coxis.
9) Costillas ausentes en adultos y subadultos.
10) Arcos neurales imbricados en algunas especies, no imbricados en otras.
11) Cintura escapular firmisternia.
12) Sin elementos prezonales; elementos postzonales presentes.
13) Elementos zonales anteriores ausentes, a veces cartilaginosos u óseos.
14) La clavícula, cuando está presente, no cubre la escápula.
15) Ilium con o sin cresta dorsal y/o protuberancia dorsal.
16) Elementos intercalares de las falanges ausentes excepto en algunas especies exóticas.
17) Fórmula de las falanges de la mano: 2-2-3-3; del pie: 2-2-3-4-3.
18) Huesos tarsales libres.
19) Sin osificación parahioidea.
20) Paraesfenoides con alas laterales.
21) Anillo cricoideo completo.
22) Maxila y premaxila dentada en algunas especies, sin dientes en otras.
23) Músculo caudaliopuboisquiotibialis ausente.
24) Músculo sartorio diferenciado del músculo semitendinoso.
25) Músculo depresor mandibular originado de la fascia escamosa y de la dorsal.
26) Tendón accesorio del músculo gluteus magnus presente.
27) Sin cabeza accesoria del músculo adductor magnus en algunos géneros de Microhylinae.
28) Tendón del músculo semitendinoso pasa dorsal al músculo gracilis.
29) Pupila horizontal o redondeada.
30) Lengua presente.
31) Sin órgano de Bidder.
32) Pliegues glandulares faríngeos generalmente presentes.
33) Tubérculo metatarsal externo sólo en especies exóticas.
34) Amplexo axilar.
35) Larva acuática.
36) Pico córneo, dentículos y cartílago suprarostral ausentes.
37) Espiráculo medio.
38) Abertura cloacal media.

Género *Elachistocleis* Parker, 1927.

Medianos. Nocturnos. Cabeza triangular. Ojos pequeños con pupila circular. Cuerpo oval. Piel lisa, lubricada. Dedos libres. Tubérculo metatarsal muy pequeño. Coloración dorsal uniforme. Clavícula y precoracoides muy reducidos, curvados. Sin omosternón. Esternón cartilaginoso. Dos pliegues bucales en el paladar frente a la faringe, el anterior más corto y curvo.

Una especie citada para la Argentina.

Elachistocleis bicolor (Valenciennes, 1838). 40-45 mm

Descripción: Cuerpo oval, delgado. Cabeza triangular, muy pequeña. Hocico acuminado. Con pliegue nucal. Pupila redonda. Tímpano oculto. Con pliegue torácico. Patas delanteras cortas. Mano con 3 tubérculos metacarpales. Pata trasera más larga. Pie con tubérculo metatarsal interno notorio, el externo ausente. Tubérculos subarticulares fuertes. Piel lisa, lubricada. Dorso amarronado o amarillento con línea vertebral clara. Vientre amarillento. Línea amarilla o blanca angosta en el dorso de muslos.

Habitat y comportamiento: En lagunas temporarias rodeadas de matas de Juncáceas y Gramíneas. Reproducción: setiembre. Ponen huevos que permanecen sumergidos o adheridos a vegetación sumergida. Nocturnos. Se alimentan de termites.

Distribución: Santa Fe, Salta, Chaco, Formosa, Corrientes, Misiones, Entre Ríos y Buenos Aires. Además sur de Brasil y Paraguay.

Género *Dermatonotus* Méhely, 1858.

Grande. De hábitos subterráneos. Cabeza muy pequeña. Pupila circular o romboidal. Cuerpo globoso. Tubérculo metatarsal mediano. Patrón dorsal manchado o moteado. Clavícula desarrollada. Coracoides ancho y corto con una larga sutura con el epicoracoides. Dos cadenas dermales lisas en el paladar, la anterior más corta.

Una especie citada para la Argentina.

Dermatonotus muelleri (Boettger, 1885). 40-50 mm

Descripción: Cuerpo robusto, globular. Cabeza muy pequeña. Hocico puntiagudo. Con pliegue nucal. Tímpano oculto. Patas delanteras cortas. Mano con dedos redondeados; 3 tubérculos metacarpales. Patas traseras muy cortas. Pie con tubérculo metatarsal interno notorio, el externo ausente. Tubérculos subarticulares fuertes. Piel lisa, con anchos pliegues cutáneos que cubren el fémur. Dorso marrón oliva con manchas oscuras irregulares, dorsales y laterales. Vientre oscuro con manchas amarillo pálido.

Habitat y comportamiento: De hábitos subterráneos. Se alimenta de termites. Reproducción: primavera o verano temprano. Amplexo axilar. Deposita los huevos en el fondo de las lagunas.

Renacuajo: Cuerpo casi triangular. Hocico redondeado. Cabeza 1/3 del largo del cuerpo. Ojos dorsolaterales. Cola triangular, muy gruesa. Aletas dorsal y ventral delgadas. Dorso gris y marrón marmolado. Vientre crema. Cola oscura con línea media clara.

Distribución: Santa Fe, Salta, Chaco y Formosa. Además este y sur de Brasil, Matto Grosso y Paraguay.

Orden *APODA*

Anfibios de aspecto vermiforme de hábitos subterráneos. No poseen patas ni branquias. La cola es extremadamente corta. Tienen vértebras pseudocéntridas. Muchos llevan costillas pero no forman esternón. Piel lisa y viscosa, con numerosos pliegues o anillos transversales. Ojos cubiertos bajo la piel o cubiertos por los huesos maxilares. Con un aparato tentacular sensorial entre el ojo y la narina. La hembra tiene fecundación interna y la copulación se realiza por eversión de las paredes de la cloaca. Los embriones tienen 3 pares de branquias externas largas. Algunos son vivíparos. Tienen un desarrollo asimétrico de los pulmones, el izquierdo está reducido.

Familia *TYPHLONECTIDAE*

1) Sin cola.
2) Vivíparos u ovovivíparos.
3) Juveniles con branquias externas anchas con aspecto de tejido, unidas en la parte dorsal del collar u occipucio. Las branquias son absorbidas antes del nacimiento; sin hendiduras branquiales al nacer.
4) Adultos acuáticos; pueden conservar una aleta vestigial.
5) Coanas grandes, internas y con válvulas.
6) Abertura tentacular muy cerca y detrás de la narina.
7) Sin escamas, sin pliegues secundarios verdaderos; pliegues primarios (anillos) difíciles de distinguir.
8) Premaxilares y nasales fusionados para formar dos nasopremaxilares.
9) Sin huesos prefrontales, oculares y septomaxilares.
10) Con estapes junto al cuadrado.
11) Gran diastema entre el parietal y el escamoso.

Género *Chthonerpeton* Peters, 1879.

Apodos. Sin escamas insertas en la piel. Ojo poco visible. Dos series de dientes en la mandíbula inferior. Cráneo con parietales separados de los escamosos.

Dos especies citadas para la Argentina.

Chthonerpeton indistinctum (Reinhardt y Lütken, 1861). 445 mm

Descripción: De aspecto vermiforme. Pliegues poco marcados y mediano número de segmentos incompletos. Cuerpo liso, casi cilíndrico, algo más ancho en la parte media y terminado en un "escudo" sin segmentar en cuya parte ventral está el ano circular, rodeado de 11 dentículos alargados. 75 a 79 segmentos poco distinguibles. Dos collares nucales fusionados ventralmente. Cabeza en punta, aplanada, con hocico saliente y redondeado. Mandíbula superior e inferior con dos hileras de dientes. Ojo relativamente grande, visible debajo de la piel y levemente elevado. Tentáculo sensitivo debajo del nivel ojo-narina. Cola muy corta, redondeada y gruesa. Cloaca a 10 mm de la punta. Dorso gris azulado oscuro, brillante. Vientre gris blanquecino con manchas blancas pequeñas. Mandíbula inferior bordeada por una línea blanca.

Habitat y comportamiento: Acuático, buen nadador. Vive en pantanos costeros. Aparece con las grandes inundaciones en relación a los camalotes. Vivíparos, tienen alrededor de 4 crías (a veces más), sin branquias externas y envueltas en una fina membrana blancuzca. Período de gestación: 4 meses.

Distribución: Costa del Río de la Plata y noreste de Buenos Aires y sur de Entre Ríos. Además sur de Brasil y Uruguay.

Chthonerpeton hellmichi Taylor, 1968. 418 mm

Descripción: Cuerpo subcilíndrico. Cabeza oval, más angosta que el cuerpo. Ojo visible, en una cuenca que se continúa con el surco tentacular. Narinas casi ovales, alargadas. Apertura tentacular diminuta, cerca del nivel ojo-narina. Dos collares nucales diferenciados; el segundo fusionado con el 1er. anillo. 74 anillos o pliegues incompletos dorsalmente, y en su mayor parte, completos ventralmente. "Escudo" terminal sin segmentos, en su parte ventral está ubicado el ano rodeado de denticulaciones, las 5 posteriores más cortas que las 5 anteriores. Macho con un par de glándulas anales indiferenciadas. Dientes en 4 series. Dorso y vientre gris ultramarino, casi uniforme. Una mancha blanca cubre el ojo y está conectada en parte con la mancha blanca del tentáculo. Pequeña mancha blanca en el ano que cubre menos de 1/3 del disco.

Distribución: Punta Lara, Buenos Aires.

Familia *CAECILIIDAE*

1) Cola indistinguible en la mayoría.
2) Ovíparos u ovovivíparos, con o sin larva con estadio acuático; branquias larvales laterales.
3) Fecundación interna.
4) Con o sin escamas.
5) Con o sin pliegues secundarios.
6) Organo copulador con o sin espinas.
7) Tentáculo grande o pequeño.
8) 3 ó 4 series dentales.
9) Sin septo maxilar, premaxilar y nasales fusionados para formar el nasopremaxilar.
10) Estapes presente.
11) Sin prefrontales ni oculares.

Género *Siphonops* Wagler, 1828.

Cecílidos (ápodos). Sin escamas dérmicas. Ojos casi ocultos debajo de la piel. Hilera simple de dientes en la mandíbula inferior. Cráneo con parietal y escamoso en contacto.

Una especie citada para la Argentina (Misiones).

Siphonops paulensis Boettger, 1892. 300-470 mm

Descripción: Aspecto vermiforme. Pliegues transversos completos que simulan anillos. Cuerpo cilíndrico con 102 a 117 anillos. Cabeza corta, achatada ventralmente y puntiaguda. Hocico redondeado. Mandíbula inferior con una hilera de dientes. Ojo muy pequeño, en una concavidad. Tentáculo sensorial cerca del ojo. Narinas laterales. Cola muy corta, terminada en punta, con dorso en declive. Cloaca pequeña en la punta de la cola. La cloaca evertida actúa como órgano copulatorio. Color pizarra oliva, lateralmente más claro. Vientre en la región terminal amarillenta.

Habitat y comportamiento: Vive en la tierra húmeda y se alimenta de gusanos, larvas y artrópodos. Ponen huevos amarillos, cubiertos por una cápsula gelatinosa.

Distribución: En Misiones (selva). Además sur de Brasil y Chaco paraguayo.

BIBLIOGRAFIA

BARRIO, A. 1964. Caracteres eto-ecológicos diferenciales entre *Odontophrynus americanus* (Duméril y Bibron) y *O. occidentalis* (Berg) (Anura, Leptodactylidae). Physis XXIV (68): 385-390.

————. 1965. Las subespecies de *Hyla pulchella* Duméril y Bibron (Anura, Hylidae). Physis XXV (69): 115-128.

————. 1973. *Leptodactylus geminus* una nueva especie del grupo *Fuscus* (Anura, Leptodactylidae). Physis C, XXXII (84): 199-206.

BARRIO, I. T. de y BARRIO, A. 1987. Presencia en la Argentina de *Bufo quechua* Gallardo, 1961 (Amphibia, Anura). Bol. Asoc. Herp. Argentina 3 (1-2): 10.

CEI, J. M. 1980. Amphibians of Argentina. Mon. Zool. Ital., Monog. 2, 609 pp.

COCHRAN, D. M. 1955. Frogs of Southern Brazil. U.S. Mus. N. Bull. 206: 217.

CONTRERAS, A. W. de. 1982. Un nuevo registro de *Centrolenella vanzolini* (Taylor y Cochran, 1953) para la República Argentina (Amphibia, Anura, Centrolenidae). Hist. Nat. 2 (21): 191.

DUELLMAN, W. E. 1971. A taxonomic review of South American Hylids frog, genus *Phrynohyas*. Occas. Pap. Mus. Nat. Hist. Kansas 4: 1-21.

———— y TRUEB, L. 1986. Biology of amphibians. MacGraw-Hill, Nueva York, I-VII, 670 pp.

DUNDEE, H. A. 1973. A synoptic classification of the modern Lissamphibia. Tulane Univ., Nueva Orleans, E.U.A.: 63 pp.

FREIBERG, M. A. 1942. Enumeración sistemática y distribución geográfica de los batracios argentinos. Physis 19: 219-240.

FROST, D. R. Ed. 1986. Amphibians species of the world. A taxonomic and geographical reference. Lawrence, Kansas, E.U.A.

GALLARDO, J. M. 1957. Las subespecies argentinas de *Bufo granulosus* Spix. Rev. Mus. Argentino Cs. Nats. Zool. 3 (6): 337-374.

————. 1958. Observaciones biológicas sobre *Leptodactylus prognathus* Boulenger. Cienc. e Invest. 14 (10-11): 460-465.

————. 1961. Observaciones biológicas sobre *Hyla raddiana* Fitz., de la provincia de Buenos Aires. Cienc. e Invest. 17 (3): 63-69.

————. 1961. Anfibios anuros de Misiones con la descripción de una especie de *Crossodactylus*. Neotropica 7 (23): 33-38.

GALLARDO, J. M. 1961. Three new toads from South America: *Bufo manicorensis*, *Bufo spinolosus* and *Bufo quechua*. Breviora 141: 1-8.

————. 1964. Consideraciones generales sobre *Leptodactylus ocellatus* (L.) (Amphibia, Anura) y especies aliadas. Physis 24 (68): 373-384.

————. 1964. Una nueva forma de Pseudidae (Amphibia, Anura) y algunas consideraciones sobre las especies argentinas de esta familia. Acta Zool. Lill., Tucumán 20: 193-209.

————. 1965. Especiación de tres *Bufo* neotropicales (Amphibia, Anura). Pap. Avul. Dpto. Zool. Sao Paulo 17 (7): 57-75.

————. 1965. Observaciones biológicas sobre *Pseudopaludicola falcipes* (Hensel) (Anura, Leptodactylidae). Cienc. e Invest. 24 (9): 411-419.

————. 1969. La distribución de las subespecies de *Bufo granulosus* Spix: su fidelidad a los sistemas hidrográficos sudamericanos. Cienc. e Invest. 25 (9): 406-416.

————. 1972. Anfibios de la provincia de Buenos Aires. Observaciones sobre su ecología y zoogeografía. Cienc. e Invest. 28 (1-2): 3-14.

————. 1974. Anfibios de los alrededores de Buenos Aires. EUDEBA, 231 pp.

————. 1982. Anfibios y reptiles del Parque Nacional El Palmar de Colón, provincia de Entre Ríos. Mus. Argentino Cs. Nats., Extra Nueva Serie 128: 65-75 (de Anales Parques Nacion XV: 65-75).

HEYER, W. R. 1978. Systematics of the *Fuscus* group of the frogs genus *Leptodactylus* (Amphibia, Leptodactylidae). Nat. Hist. Mus. Los Angeles County, Scin. Bull. 29: 1-85.

LUTZ, B. 1973. Brazilian species of *Hyla*. Austin, Univ. Kansas, 265 pp.

LYNCH, J. D. 1978. A re-assessment of the Telmatobiinae Leptodactylid frogs of Patagonia. Occas. Pap. Mus. Nat. Hist. Kansas 72: 1-57.

———— y TRUEB, L. 1973. Evolutionary biology of the Anurans. Contemporary research on major problems. Ed. James L. Vial, Misurí, E.U.A.

VELLARD, J. 1948. Batracios del Chaco argentino. Acta Zool. Lill. V: 137.

Este libro se terminó de imprimir en los
Talleres EDIGRAF S.A., Delgado 834,
Buenos Aires, República Argentina,
en el mes de setiembre de 1987.